光肩星天牛防控理论与技术

光肩星天牛防控理论与技术

Prevention and Control Techniques of *Anoplophora glabripennis*

魏建荣　编著

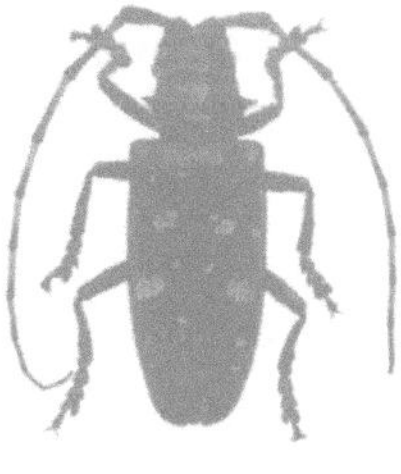

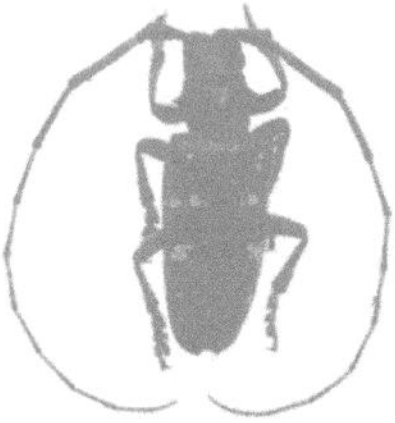

河北大学出版社·保定

出 版 人：刘相美
责任编辑：徐延风
装帧设计：王占梅
责任校对：刘景坤
责任印制：常　凯

GUANGJIANXING TIANNIU FANGKONG LILUN YU JISHU

图书在版编目（CIP）数据

光肩星天牛防控理论与技术 / 魏建荣编著. -- 保定：河北大学出版社，2025. 1. -- ISBN 978-7-5666-2535-9
Ⅰ. S763.38
中国国家版本馆CIP数据核字第2024RZ2160号

出版发行：河北大学出版社
　　地址：河北省保定市七一东路2666号　邮编：071000
　　电话：0312-5073003　0312-5073029
　　网址：www.hbdxcbs.com
　　邮箱：hbdxcbs818@163.com
经　　销：全国新华书店
印　　刷：涿州市般润文化传播有限公司
幅面尺寸：145 mm × 210 mm
字　　数：80 千字
印　　张：5.25
版　　次：2025 年 1 月第 1 版
印　　次：2025 年 1 月第 1 次印刷
书　　号：ISBN 978-7-5666-2535-9
定　　价：28.00 元

如发现印装质量问题，影响阅读，请与本社联系。
电话：0312-5073023

前　言

“三北”防护林工程是我国的重大人工林生态工程项目，对我国“三北”地区的生态、社会和经济安全提供了极大的保障。杨树是“三北”防护林的重要组成树种，尤其在西北地区具有不可替代性。光肩星天牛是杨树的主要蛀干害虫，危害严重时可致树木风折或死亡，是西北地区以杨树为主的防护林退化的罪魁祸首。我国自20世纪70年代末即开始研究光肩星天牛的防治对策与防治技术，但由于不同区域的生态地理、社会条件差异较大，因此不同区域可能适用不同的防控技术。笔者自1993年跟随西北林学院杨雪彦教授、周嘉熹教授接触光肩星天牛研究以来，或多或少地从不同方向开展了对光肩星天牛防控技术的探索与实践，包括利用天敌昆虫开展的生物防治技术研究、光肩星天牛性信息素研究、光肩星天牛对不同寄主树种的选择性研究、化学防治技术研究等，近些年又获得国家自然科学基金委面上项目“西北地区基于光肩星天牛寄主选择与适合度的混交抗虫防护林模式构建”（编号 32171798）和内蒙古自治区揭榜挂帅项目“内蒙古河套平原高标准农田防护林体系建设集成技术与示范”（编号 2024JBGS002）的资助，使得笔者得以有机会深入研究西北地区防护林建设中的光肩星天牛防控。为使基层林业工作者能更好地了解和掌握杨树天牛的防控知识，在多位学者的催促下，本书以笔者的些许经验并参考不同研究者的研究结果，由笔者团队进行系统梳理编撰而成，为各地林业部门制定光肩星天牛防控策略与具体实施措施提供参考，也为进一步探索新的有效防治策略和措施提供思路。

本书着重面向身处一线的基层林业工作者，因此主要着墨于光肩星天牛的基础知识和防治手段，也略述及当前的学术研究热点，但对以光肩星天牛为模式生物开展的生理、生化、分子生物学、组学研究则没有深入阐述。各节由团队不同成员分别撰写，再由笔者综合而成。

本书对光肩星天牛作了较为详细的介绍，涉及的多种防治技术也可作为其他天牛类蛀干害虫防治技术的参考。鉴于笔者水平有限，文中可能会有不足或者谬误，请不吝指正，以供再版时修正。

魏建荣

目　　录

光肩星天牛的分类、分布与危害

光肩星天牛（*Anoplophora glabripennis*）是鞘翅目（Coleoptera）、天牛科（Cerambycidae）、沟胫天牛亚科（Lamiinae）、星天牛属昆虫。该天牛于1937年由刘鹤昌先生首次报道，称其为光肩天牛（*Melanauster glabripennis* Motsch）（刘鹤昌，1937）。1959年陈世骧等主编的《中国经济昆虫志·鞘翅目·天牛科》一书中将其正式定名为“光肩星天牛”，拉丁学名为［*Anoplophora glabripennis*（Motsch）］（陈世骧，1959）。其实早在1889年Ganglbauer就发现了这一天牛新种，但略有不同的是其鞘翅绒毛斑为黄色，1973年认为其是拟星天牛［*Anoplophora imitatrix*（White）］，1981年正式定名为黄斑星天牛（*Anoplophora nobilis* Ganglbauer）（蒋书楠，1980；周嘉熹，1981a）。因为该虫不仅在生物学、形态学上和光肩星天牛相似，还有重叠的地理分布以及相近的寄主和生活习性，所以关于黄斑星天牛和光肩星天牛两个物种的说法是否成立当时就具有争议。后经过物种交配试验以及生物学、行为学和形态特征观察、比较，认为这两种天牛很可能是一个物种的不同生物型（高瑞桐等，2000），该观点近些年逐渐被学界所认可。其形态特征简述如下（唐桦等，2004）：

成虫：体长 20 mm～39 mm，宽 8 mm～12 mm。前胸两侧各有 1 个刺状突起。鞘翅黑色或微带古铜色光泽，肩区有大或小的刻点。两鞘翅上各有大小不等的由白色、淡黄色、乳黄至黄色绒毛组成的斑纹 20 个左右（详见图 1）。分三种型态：白斑型（forma *glabripennis* Motschulsky）：鞘翅纯黑色，翅斑纯白色，肩区刻点较大。黄斑型（forma *nobilis* Ganglbauer）：鞘翅黑色微带古铜色光泽，翅斑乳黄色至黄色，肩区刻点较小。黄白杂合型（forma mixturae Tang）：特征近似白斑型，但翅斑淡黄色，或鞘翅外围翅斑纯白色而内部翅斑黄色，或翅斑细小几乎联接成网状

（光肩过渡）；特征近似黄斑型，但翅斑暗白色，或鞘翅上半部黄色而下半部白色（黄斑过渡）。

图 1 光肩星天牛成虫（魏建荣 摄）

卵：乳白色，长椭圆形，两端略弯曲，长 5.5 mm～7 mm，宽约 2 mm。近孵化时，变为黄色。

幼虫：自然状态下共有 5 个龄期。1 龄幼虫乳白色。5 龄幼虫的体色白中带黄，体长约 50 mm，头壳宽平均为 4.56 mm，头部褐色，头壳 1/2 缩入胸腔中。前胸大而长，其背板后半部颜色较深，有“凸”字斑。中胸最短，其腹面和后胸背、腹面各具步泡突 1 个，步泡突中央均有 1 条横沟。腹部背面可见 9 节，第 10 节变为乳头状突起，第 1 至第 7 腹节背、腹面各有步泡突 1 个，背面的步泡突中央具横沟 2 条，腹面的为 1 条。

蛹：体乳白色至黄白色，体长 30 mm～37 mm，宽约 11 mm。触角前端卷曲呈环形，置于前、中足及翅上。前胸背板两侧各有侧刺突 1 个。第 8 节背板上有 1 个向上生的棘状突起。羽化前，复眼和上额逐渐变黑。

光肩星天牛主要危害杨属（*Populus*）、柳属（*Salix*）、榆属（*Ulmus*）、槭属（*Acer*）等阔叶类植物，也取食其他树种，例如枫香（*Liquidambar formosana* Hance）、桤木（*Alnus cremastogyne* Burk）、法桐（*Platanus orientalis* L）、沙枣（*Elaeagnus angustifolia* L）等（Vander et al.，2014；杨炯，2022）。成虫主要取食嫩枝韧皮部，也食叶脉；幼虫先钻蛀韧皮部再蛀食木质部，破坏树木的输导组织，由此造成树干中空，树木缺乏营养形成枯梢或直接死亡（详见图 2），造成巨大的生态损失和经济损失。同时，受害树木极易风折，对人们的生命和财产安全造成了一定程度的影响（David et al. 2001；Haack et al. 2010）。2013 年该虫被国家林业局列入第 4 号公告发布的“全国林业危险性有害生物名单”

中。目前，光肩星天牛是国内仅次于松材线虫的二级危害性林业有害生物和发生面积超过 100 万亩的林业有害生物，并被全球视为一种重大检疫性蛀干害虫（高宇等，2016）。

图 2　光肩星天牛危害后的金丝柳（魏建荣　摄）

该虫在我国最早的危害记录是 1946 年，当时报道了黄斑星天牛（光肩星天牛）主要发生在北纬 33°～40°，东经 103°～111°的地区，其中甘肃省天水和平凉、陕西省宝鸡、宁夏回族自治区固原的林木遭受其危害最为严重

(周嘉熹等，1980)。直至70年代，造成了陕甘宁地区小叶杨、箭杆杨、钻天杨等杨树的几近毁灭，学者们才开始着手研究这一重大害虫。20世纪80年代，光肩星天牛对我国林木造成了广泛破坏，仅在陕西、甘肃、宁夏、山西、内蒙古5个光肩星天牛和黄斑星天牛危害严重的省区，受天牛危害的即有240个县市，总面积达23万公顷（庄电一等，1993)。仅宁夏1991年冬到1993年夏砍伐有虫树木超过5000万株，尤其在以杨树和柳属植物为主的“三北”防护林，2亿多棵树被砍伐（Wang et al. 2018)。目前，光肩星天牛在我国除海南岛、台湾岛以及香港、澳门特别行政区之外的其他省、自治区、直辖市均有分布或曾记录有分布。近些年尤其在内蒙古河套地区、甘肃、新疆危害严重。之前在西北各地广泛栽植的主要树种箭杆杨、钻天杨、小美旱杨、二白杨、群众杨、合作杨、榆树等受害后虫道纵横，部分树木已经死亡或被砍伐，使得防护林林相残败，失去防护价值，由此造成的经济和生态损失不可估量。

国外研究人员认为该虫原产于东亚。有关该虫在其他大洲的发现可追溯到1996年，Haack首次报道了该天牛在美国纽约布鲁克林地区的危害情况（Haack et al.，1996），随后在美国其他地区也有发现，并将该虫原产地追溯到中国和朝鲜半岛，且针对我国出口货物制定了检疫措施，形成相应的技术壁垒，对我国的相关贸易产生了巨大影响（Eyre and Haack，2017）。2003 年和 2013 年加拿大两次发现该天牛危害并设立控制区，前后砍伐约 36 000 棵树，避免了光肩星天牛继续肆虐（Turgeon et al.，2015）。伴随着世界各国贸易往来，该虫可能通过木质材料包装箱先后传播至奥地利、德国、意大利、法国等 9 个国家，上述国家均花费巨额资金来根除光肩星天牛，但控制效果有限（Cavey et al.，1998）。目前，该虫在北美、欧洲、亚洲等地区都有分布。因此，光肩星天牛一直是各国防控的重点对象之一。

为了防止光肩星天牛广泛传播和持续为害，林业工作者采取了各种监测、检测及防治策略（Wu，2018）。应用最广泛的莫过于物理防治和化学防治（高瑞桐等，2000）。尤其是在光肩星天牛大面积爆发时期，化学防治起到不可替代的作用，如根据光肩星天牛的生活史特点在 4 月或 7 月至 9 月对受害树打孔注药防治幼虫，5 月至

7 月喷施药剂防治成虫。目前应用广泛且防治效果明显的药剂主要是有机磷、氨基甲酸酯、拟除虫菊酯、有机氯类等广谱杀虫剂，但该类杀虫剂并不利于生态环境（吕云彤等，2018）。也可采用生物防治技术，例如应用绿僵菌、白僵菌、啄木鸟等。另外，光肩星天牛的生活史在不同的地区有所不同，与其所在区域的气候、温度、植被等地理要素有很大关系（详见图 3）。因此，根据区域

图 3　新疆杨受害状（邵鹏鹏　摄）

气候特点营造混交林，加强抚育和管护，提高树种和林分本身的抗性也是有效调控光肩星天牛的重要手段。近

年来，昆虫生长调节剂（除虫脲和灭幼脲等）、昆虫行为调节剂（引诱剂和拒食剂等）也得到了广泛研究与应用。

随着生物技术的不断发展以及生态文明发展理念的要求，光肩星天牛的防治方法也在不断改进和创新。本书将总结光肩星天牛在各地的生物学特性和生活史、寄主树种、生物防治技术、基于引诱剂技术的成虫监测与控制、化学防治的应用、造林和营林技术控制光肩星天牛以及分子生物学技术在光肩星天牛防控技术研发方面的已有进展和应用前景等几个方面，希望为我国防治光肩星天牛的实践工作提供些有益的对策。

（罗佳玉，魏建荣）

光肩星天牛在各地的生物学特性和生活史

光肩星天牛在我国分布范围较广，生活史略有差异，1～2 年发生 1 代。原先在西北地区发生的黄斑星天牛目前已被认为与光肩星天牛是同一物种（高瑞桐等，2000）。光肩星天牛曾于 21 世纪初被报道入侵西藏，但笔者于 2018 年在西藏日喀则市、拉萨市和林芝市调查时并未发现其踪迹，猜测是当年的防治起到了作用。光肩星天牛于 20 世纪 90 年代在新疆伊犁被发现后，一直蔓延扩散，成为当前危害新疆杨树的主要害虫。

光肩星天牛以小幼虫、大幼虫，甚至蛹越冬，也有记录到成虫越冬的情况，但很少见到。幼虫于次年 3 月份天气暖和、气温上升至 10 ℃以上后开始活动取食，部分向外排粪，新鲜的虫粪较为湿润。当老熟幼虫取食到一定阶段后即开始化蛹，一般自5月上旬始，断断续续可以至9月份。蛹历期在不同地区差异较大，记录从10至25天不等。成虫羽化后并不会立即咬孔外出，而是在木质部的蛹室中停留7天左右后，咬一个7 mm～15 mm的圆形羽化孔爬出（详见图4）。在华北地区，6月中旬即可见到成虫飞翔、在寄主枝叶上补充营养和交配。光肩星天牛成虫的羽化时期极不整齐，至9月上旬仍可见到个别新羽化的小个体成虫，以至于10月初仍可见到成虫活动。

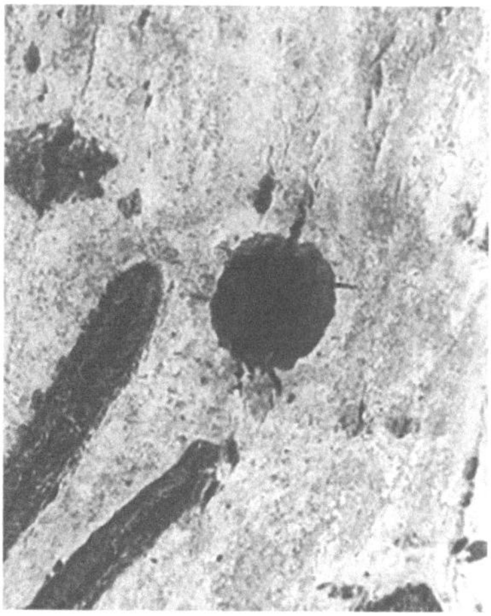

图4　光肩星天牛在新疆杨上的羽化孔（孙佐翔　摄）

光肩星天牛的生活史阶段主要以幼虫为主，初孵幼虫取食树木韧皮部一段时间后，进入木质部进行取食(详见图 5)。其中在韧皮部取食的时间依寄主不同而异，如在新疆杨韧皮部取食很短时间即进入木质部，而在柳

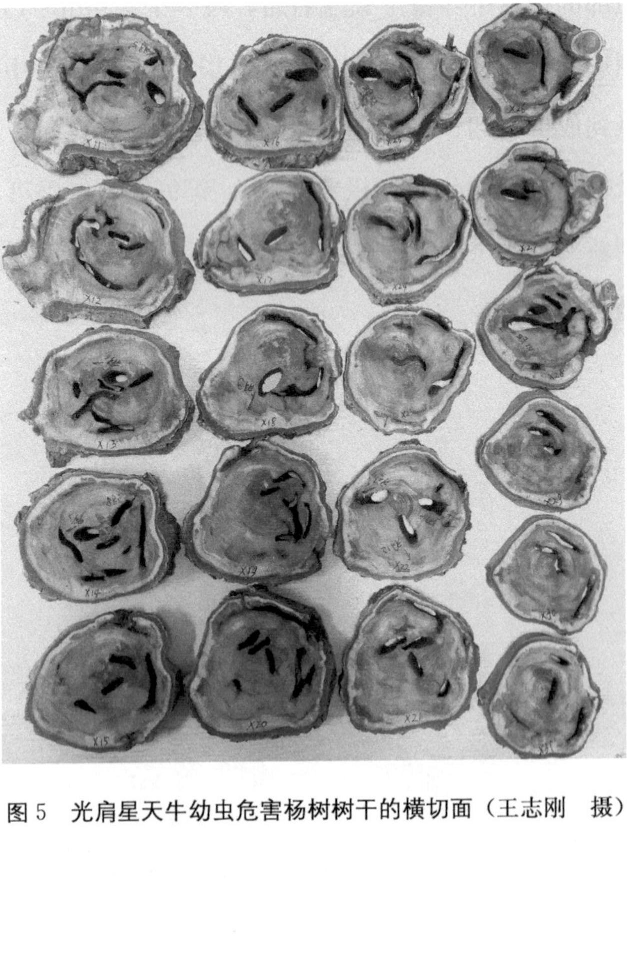

图 5　光肩星天牛幼虫危害杨树树干的横切面（王志刚　摄）

树、沙林杨等树木的韧皮部取食较长时间才进入木质部取食。幼虫的龄期并不固定，自然界观察到的龄期与实验室内用不同饲料、寄主枝条饲养的幼虫龄期并不一致，营养条件好时幼虫虫龄数少，营养条件差时幼虫虫龄数多（笔者与中国林科院原森林保护研究所高文呈先生交流），因此在实践中很难区分具体的虫龄，在防治工作中一般只按其身体大小根据经验分别称其为小幼虫、大幼虫、老熟幼虫。因为天牛幼虫隐蔽性生活，很少受外界不良环境的影响，在其嗜食寄主树木体内，幼虫的虫口数量不会因虫龄的增长而减少太多。

成虫主要取食当年生嫩枝的皮层补充营养，也取食叶子和二年生枝条皮层，不同于桃红颈天牛等天牛成虫，光肩星天牛成虫需每天进食，否则寿命极短。取食不同植物的成虫寿命相差很大，本课题组的室内饲养发现，取食沙枣和复叶槭枝叶的成虫寿命较长，尤其是取食沙枣枝叶的成虫，寿命最长接近 100 天，而取食常见寄主植物柳树、杨树枝叶的成虫寿命则较短。不同研究者的试验结果不太一样，美国的 Smith 等（2002）用挪威槭、红枫、黑柳喂养的天牛雌虫平均寿命分别为 103.9 天、

97.2天、83天。本课题组试验发现，取食沙林杨枝叶的雌、雄虫平均寿命最短，为20.61天、11.26天。高瑞桐等（1998）用复叶槭喂养的天牛雌、雄虫平均寿命为46天和13天，用I-69杨喂养的天牛雌、雄虫平均寿命为9天和8天。阎雄飞和刘永华（2012）用复叶槭、漳河柳、新疆杨、白蜡喂养的天牛雌虫平均寿命为40.5天、36.3天、21.3天、14.4天，雄虫平均寿命为32.2天、29天、19.4天、11.4天。由于天牛寿命受环境温度、湿度、体型大小、羽化寄主植物等多种因素影响，所以造成国内外不同研究者的实验结果差异较大（Keena et al.，2006）。成虫补充营养后即可交尾，观察显示，雌、雄虫在其生存期间可多次交尾，多次产卵，每次交尾时间平均12～15分钟，最长78分钟（张玉凤等，1997）。光肩星天牛在美国嗜食寄主枝叶的喂养下寿命更长，可能与入侵害虫更强的适应性有关。

光肩星天牛成虫在一天24小时内均可活动，包括取食、交配和产卵，但主要在上午时间段光线充足时比较活跃，常可见其从一棵寄主树飞到邻近的寄主树上，中午后气温太高时成虫多爬至树木的中下部休息或进行刻槽产卵。成虫在林缘或孤立木上的刻槽及产卵数较多。成虫具有一定的趋弱光性，但不具备利用的潜力。成虫补充营养后 2～3 天即可交尾产卵，成虫产卵对寄主树干的径阶和树皮厚度有一定的要求，凡粗度超过 4 cm 的侧枝都可以刻槽产卵（张玉凤等，1997），不过，树皮厚度在光肩星天牛产卵部位的选择中可能更为重要（赵博光等，1997；温俊宝等，1998），产卵部位在树木的方位和高度上没有一定规律。成虫产卵前，在树干上先头朝下用上颚咬一个椭圆形至半月形刻槽，也有较圆形刻槽，然后调转身体，腹端对准刻槽，将产卵管插入韧皮部与木质部之间距离刻槽处 1 cm～1.5 cm 处进行产卵，每个刻槽只产一粒卵，也有的刻槽中没有卵，即不同寄主植物上的有效刻槽率（有卵刻槽占总刻槽百分比）是不同的。成虫产 1 粒卵的时间需 20～30 分钟（张玉凤等，1997），成虫产卵后会分泌一些胶状物质封塞产卵部位。由于取食不同植物的成虫寿命不同，因此雌虫的产卵量差异极大，故文献记录的产卵量从数粒至数十粒不等。我们课题组用沙枣枝叶饲喂的雌虫平均一生刻槽 134.4 个，平均产卵 96.8 粒。美国的 Smith 等（2002）用挪威槭、红枫、黑柳喂养的天牛雌虫日均产卵分别为 1.20 粒、0.46 粒、0.36 粒，一生平均产卵量估计为 127.3 粒、46.8 粒和 30.7 粒。因此，在不同补充营养寄主植物上取食的天牛的繁殖能力差异极大。

成虫的自然飞行扩散能力较弱，研究发现成虫主要靠短距离飞行和爬行在寄主植物间进行转移。成虫虽然每天飞行平均距离为 20 米（Bancroft and Smith，2004），但存活期间最长可飞行 14 公里（Javal et al.，2017），因此在一个成虫期内的扩散距离可能也比较远。在有充足寄主植物存在条件下，拥有较低初始种群密度的光肩星天牛的扩散速度可能并不快，距离也不会很远，而在食物相对匮乏的条件下才可能扩散较远。光肩星天牛的远距离传播扩散主要依靠疫木的跨区域调动。早年间光肩星天牛向青海、新疆与西藏的传播就是跨区域调运疫木所造成。

小 结

光肩星天牛属K类对策昆虫，生活隐蔽，种群增长稳定，世代重叠，发生不整齐。成虫的寿命、生殖与补充营养植物种类关系极大。成虫稳步扩散，远距离、跨区域传播则主要靠人为运输。

（魏建荣）

光肩星天牛的寄主植物

光肩星天牛的寄主种类十分广泛，主要寄主树种包括杨属（*Populus*）、柳属（*Salix*）、榆属（*Ulmus*）、槭属（*Acer*）四大类，但随着光肩星天牛的扩散，寄主树种的种类不断增加。

20 世纪 80 年代，我国开始大量报道光肩星天牛的寄主植物。研究手段主要包括：（1）野外调查法。根据受害树种上光肩星天牛成虫留下的刻槽、幼虫排粪孔等危害指标，结合树种物理结构和受害后的生长情况等指标划分寄主的类型。（2）树干套笼接虫法。单株活树树干上套一个铁纱笼接种成虫任其寄生。（3）网室活体接虫法。多株树活体同置于一个大笼内接种成虫任其寄生。（4）网室离体接虫法。截断树干置于室内的笼中接种成虫任其寄生。（5）皮下接虫法。从野外采集光肩星天牛的卵或者培养成幼虫，然后直接将卵或者幼虫接种至活体树木的皮下（高汉中等，1997；蔡玉成等 1999；曹川健等，2003；阎雄飞，2008）。后来众多学者又通过分析寄主树种的化学成分、挥发物成分、天牛取食后体内防御酶和解毒酶变化等对寄主树种进行抗性评价（李建光等，2002；李会平等，2007；魏建荣等，2022；Yang et al.，2023）。

在我国，对寄主树种抗光肩星天牛的评定还没有成熟统一的分析方法，主要根据以上某一种或几种指标对树种抗虫性进行分级归类。由于研究者采用的方法不同，选定的树种、树龄各异，以及树木的立地条件和生长状况差异较大，所以对寄主类型的划分很难有统一的标准。

张克斌和周嘉熹（1984）通过调查与接虫鉴定将 20 余种寄主树种分为高感级（HS）、感虫级（S）、抗虫级（R）、高抗级（HR）、免疫级（VR）五个等级。杨雪彦等（1991）通过在混交林开放性的接种成虫与野外调查相结合的方式将杨树品种划分为高抗树种（HR）、抗性树种（R）、感虫树种（S）、中感树种（MS）和高感树种

(HS)五类。张恩光等(1995)通过调查宁夏 19 种主要阔叶树天牛危害情况，把寄主划分为免疫树种(I)、高抗树种(HR)、抗性树种(R)、感虫树种(S)和高感树种(HS)五类。高汉中等(1997)按照天牛对各树种的嗜好程度将各寄主分为高感树种、感虫树种、抗性树种和免疫树种。王志刚等(2009)通过野外调查将各寄主树种分为高感树种(HS)、感虫树种(S)、抗虫树种(R)和免疫树种(VR)。

除了对树种抗性进行划分外，邵强华等(1997)将椴树科、胡颓子科等诱集成虫产卵而使其子代不能羽化的树种称为诱控树种(或诱杀树种)。李丰等(1999)将沙枣、欧洲三倍体杨、中林 34 号、中林 115 号等光肩星天牛喜食但不能完成世代发育的树种称为诱杀树种。孙佐翔等对沙枣作了进一步评估，发现成虫取食沙枣后寿命延长并存在转移产卵的情况，并不宜作为防治光肩星天牛的诱杀树种大规模推广。椴树与欧洲三倍体杨对干旱的西北气候与土壤盐碱适应性较弱，不适宜大规模推广。目前由于不同学者获得的研究结论具有差异，所以业界对诱杀树种概念的认可度较低。

目前大部分学者较为认可的是将各树种按照抗光肩星天牛的强弱分为四级。一级：免疫树种，主要指光肩星天牛的非寄主树种，光肩星天牛对其不造成伤害。二级：高抗树种，在抗性树种与感虫树种存在时，自身不受光肩星天牛危害或者危害较轻。三级：抗性树种，在感虫树种存在的情况下受害比较轻，没有感虫树种存在的条件下，受害比较严重。四级：感虫树种，感虫树种是指光肩星天牛喜欢危害的树种（详见图 6），在有该树种存在的条件下，一般不危害其他树种（阎雄飞，2008）。

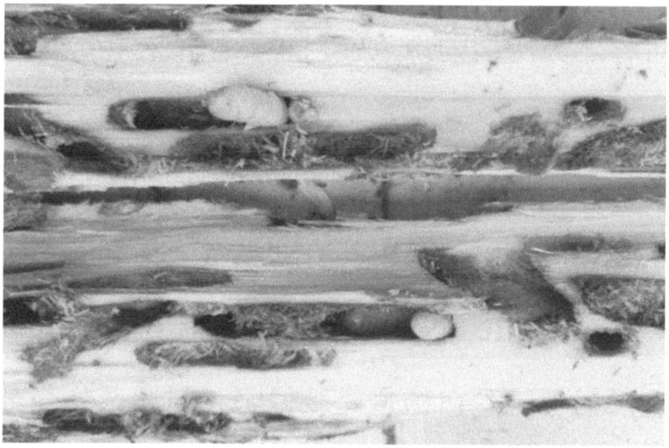

图 6　垂柳枝干内的光肩星天牛幼虫（魏建荣　摄）

各树种抗性的强弱受到地域、树势、天牛种群数量等多重影响，存在因地域不同而导致寄主树种抗性不同的情况。杨树的种类和品种众多，在我国的人工栽培面积大，尤其在“三北”地区杨树是防护林的主栽树种。杨树不同种类或品种的抗性差异较大，有的种类几乎不受光肩星天牛危害，如毛白杨；有的略受光肩星天牛危害，但程度极轻，如银白杨和河北杨；有的受害但危害较轻，如 107 杨、I-69 杨等；有的对光肩星天牛有一定抗性，但在没有敏感树种存在的情况上，受害较重，如新疆杨；有的受害重，如大部分黑杨派、青杨派和胡杨派树种；还有一些品种虽然容易受害但天牛在其上发育受阻，可称之为所谓的诱杀性树种，如沙林杨，以及与之相似的南抗杨、金黑杨等。另外，由于不同杨树对低温、盐碱等抗性不同，再加上抗虫、抗病性的不同，如毛白杨虽不受光肩星天牛危害，但易受桑天牛和一种虎天牛危害，107 杨和 108 杨则受溃疡病和冻伤危害严重，沙林杨和金黑杨可能受白杨透翅蛾侵害，因此选择当地适生的杨树，在理论上和实践上均有一定难度。

国内学者通过在疫区调查不同树种对光肩星天牛的

抗性，并结合室内外开展的生物测试试验，按照树种抵抗光肩星天牛的能力对其进行了分类，见表 1。需要明确的是，有些树种对光肩星天牛的抗性是相对的，与生态地理条件有关，也与当时的测试条件有关。

表 1 光肩星天牛与不同树种抗虫性

抗性分类	种名	科名	属名
免疫	水杉 *Metasequoia glyptostroboides* Hu & W. C. Cheng	杉科 Taxodiaceae	水杉属 *Metasequoia*
免疫	侧柏 *Platycladus orientalis*(L.)	柏科 Cupressaceae	侧柏属 *Platycladus*
免疫	圆柏 *Juniperus chinensis* L.	柏科 Cupressaceae	刺柏属 *Juniperus*
免疫	杜松 *Juniperus rigida* Sieb. et Zucc.	柏科 Cupressaceae	刺柏属 *Juniperus*
免疫	华北落叶松 *Larix gmelinii* var. *principis-rupprechtii*(Mayr)Pilger	松科 Pinaceae	落叶松属 *Larix*
免疫	油松 *Pinus tabuliformis* Carriere	松科 Pinaceae	松属 *Pinus*
免疫	华山松 *Pinus armandi* Franch.	松科 Pinaceae	松属 *Pinus*
免疫	白皮松 *Pinus bungeana* Zucc. ex Endl.	松科 Pinaceae	松属 *Pinus*
免疫	樟子松 *Pinus sylvestris* var. *mongolica* Litv.	松科 Pinaceae	松属 *Pinus*
免疫	雪松 *Cedrus deodara*(Roxb. ex D. Don)G. Don	松科 Pinaceae	雪松属 *Cedrus*
免疫	云杉 *Picea asperata* Mast.	松科 Pinaceae	云杉属 *Picea*
免疫	荆条 *Vitex negundo* var. *heterophylla* (Franch.)Rehd.	唇形科 Lamiaceae	牡荆属 *Vitex*
免疫	乌柏 *Triadica sebifera*(L.)Small	大戟科 Euphorbiaceae	乌柏属 *Triadica*
免疫	紫穗槐 *Amorpha fruticosa* L.	豆科 Leguminosae	紫穗槐属 *Amorpha*
免疫	紫荆 *Cercis chinensis* Bunge	豆科 Leguminosae	紫荆属 *Cercis*

续表 1

抗性分类	种名	科名	属名
免疫	山皂荚 *Gleditsia japonica* Miq.	豆科 Leguminosae	皂荚属 *Gleditsia*
免疫	皂荚 *Gleditsia sinensis* Lam.	豆科 Leguminosae	皂荚属 *Gleditsia*
免疫	龙爪槐 *Styphnolobium japonicum* 'Pendula'	豆科 Leguminosae	槐属 *Styphnolobium*
免疫	国槐 *Styphnolobium japonicum*(L.)Schott	豆科 Leguminosae	槐属 *Styphnolobium*
免疫	合欢 *Albizia julibrissin* Durazz.	豆科 Leguminosae	合欢属 *Albizia*
免疫	杜仲 *Eucommia ulmoides* Oliv.	杜仲科 Eucommiaceae	杜仲属 *Eucommia*
免疫	核桃 *Juglans regia* L.	胡桃科 Juglandaceae	胡桃属 *Juglans*
免疫	胡桃楸 *Juglans mandshurica* Maxim.	胡桃科 Juglandaceae	胡桃属 *Juglans*
免疫	夹竹桃 *Nerium oleander* L.	夹竹桃科 Apocynaceae	夹竹桃属 *Nerium*
免疫	接骨木 *Sambucus williamsii* Hance	荚蒾科 Viburnaceae	接骨木属 *Sambucus*
免疫	木槿 *Hibiscus syriacus* L.	锦葵科 Malvaceae	木槿属 *Hibiscus*
免疫	栓皮栎 *Quercus variabilis* Blume	壳斗科 Fagaceae	栎属 *Quercus*
免疫	麻栎 *Quercus acutissima* Carr.	壳斗科 Fagaceae	栎属 *Quercus*
免疫	槲栎 *Quercus aliena* Blume	壳斗科 Fagaceae	栎属 *Quercus*
免疫	槲树 *Quercus dentata* Thunb.	壳斗科 Fagaceae	栎属 *Quercus*

续表 2

抗性分类	种名	科名	属名
免疫	板栗 *Castanea mollissima* Blume	壳斗科 Fagaceae	栗属 *Castanea*
免疫	臭椿 *Ailanthus altissima* (Mill.) Swingle	苦木科 Simaroubaceae	臭椿属 Ailanthus
免疫	蜡梅 *Chimonanthus praecox* (L.) Link	蜡梅科 Calycanthaceae	蜡梅属 *Chimonanthus*
免疫	香椿 *Toona sinensis* (A. Juss.) Roem.	楝科 Meliaceae	香椿属 *Toona*
免疫	苦楝 *Melia azedarach* L.	楝科 Meliaceae	楝属 *Melia*
免疫	中华猕猴桃 *Actinidia chinensis* Planch.	猕猴桃科 Actinidiaceae	猕猴桃属 *Actinidia*
免疫	马褂木 *Liriodendron chinense* (Hemsl.) Sarg.	木兰科 Magnoliaceae	鹅掌楸属 *Liriodendron*
免疫	广玉兰 *Magnolia grandiflora* L.	木兰科 Magnoliaceae	北美木兰属 *Magnolia*
免疫	新疆白蜡 *Fraxinus sogdiana* Bunge	木樨科 Oleaceae	梣属 *Fraxinus*
免疫	绒毛白蜡 *Fraxinus tomentosa* F. Michx.	木樨科 Oleaceae	梣属 *Fraxinus*
免疫	小叶白蜡 *Fraxinus bungeana* DC.	木樨科 Oleaceae	梣属 *Fraxinus*
免疫	白蜡树 *Fraxinus chinensis* Roxb.	木樨科 Oleaceae	梣属 *Fraxinus*
免疫	美国白蜡 *Fraxinus americana* L.	木樨科 Oleaceae	梣属 *Fraxinus*
免疫	紫丁香 *Syringa oblata* Lindl.	木樨科 Oleaceae	丁香属 *Syringa*
免疫	连翘 *Forsythia suspensa* (Thunb.) Vahl	木樨科 Oleaceae	连翘属 *Forsythia*

续表 3

抗性分类	种名	科名	属名
免疫	流苏树 *Chionanthus retusus* Lindl. et Paxt.	木樨科 Oleaceae	流苏树属 *Chionanthus*
免疫	女贞 *Ligustrum lucidum* Ait.	木樨科 Oleaceae	女贞属 *Ligustrum*
免疫	毛泡桐 *Paulownia tomentosa*(Thunb.)Steud.	泡桐科 Paulowniaceae	泡桐属 *Paulownia*
免疫	泡桐 *Paulownia fortunei*(Seem.)Hemsl.	泡桐科 Paulowniaceae	泡桐属 *Paulownia*
免疫	葡萄 *Vitis vinifera* L.	葡萄科 Vitaceae	葡萄属 *Vitis*
免疫	黄连木 *Pistacia chinensis* Bunge	漆树科 Anacardiaceae	黄连木属 *Pistacia*
免疫	黄栌 *Cotinus coggygria* var. *cinereus* Engl.	漆树科 Anacardiaceae	黄栌属 *Cotinus*
免疫	漆树 *Toxicodendron vernicifluum*(Stokes)F. A. Barkl.	漆树科 Anacardiaceae	漆树属 *Toxicodendron*
免疫	盐肤木 *Rhus chinensis* Mill.	漆树科 Anacardiaceae	盐麸木属 *Rhus*
免疫	火炬树 *Rhus typhina* L.	漆树科 Anacardiaceae	盐麸木属 *Rhus*
免疫	紫薇 *Lagerstroemia indica* L.	千屈菜科 Lythraceae	紫薇属 *Lagerstroemia*
免疫	石榴 *Punica granatum* L.	千屈菜科 Lythraceae	石榴属 *Punica*
免疫	李 *Prunus salicina* Lindl.	蔷薇科 Rosaceae	李属 *Prunus*
免疫	紫叶李 *Prunus cerasifera* ‘*Atropurpurea*’	蔷薇科 Rosaceae	李属 *Prunus*
免疫	山樱花 *Prunus serrulata*(Lindl.)G. Don ex London	蔷薇科 Rosaceae	李属 *Prunus*

续表 4

抗性分类	种名	科名	属名
免疫	日本樱花 *Prunus* × *yedoensis* Matsum.	蔷薇科 Rosaceae	李属 *Prunus*
免疫	扁桃 *Prunus dulcis* (Mill.) D. A. Webb	蔷薇科 Rosaceae	李属 *Prunus*
免疫	榆叶梅 *Prunus triloba* Lindl	蔷薇科 Rosaceae	李属 *Prunus*
免疫	桃 *Prunus persica* L.	蔷薇科 Rosaceae	李属 *Prunus*
免疫	杏树 *Prunus armeniaca* L.	蔷薇科 Rosaceae	李属 *Prunus*
免疫	沙果 *Malus asiatica* Nakai	蔷薇科 Rosaceae	苹果属 *Malus*
免疫	山荆子 *Malus baccata* (L.) Borkh.	蔷薇科 Rosaceae	苹果属 *Malus*
免疫	玫瑰 *Rosa rugosa* Thunb.	蔷薇科 Rosaceae	蔷薇属 *Rosa*
免疫	石楠 *Photinia serratifolia* (Desf.) Kalkman	蔷薇科 Rosaceae	石楠属 *Photinia*
免疫	锦带花 *Weigela florida (Bunge)* A. DC.	忍冬科 Caprifoliaceae	锦带花属 *Weigela*
免疫	金银木 *Lonicera maackii* (Rupr.) Maxim.	忍冬科 Caprifoliaceae	忍冬属 *Lonicera*
免疫	鸡桑 *Morus australis* Poir.	桑科 Moraceae	桑属 *Morus*
免疫	白桑 *Morus alba* var. *multicaulis* (Perrott.) Loud.	桑科 Moraceae	桑属 *Morus*
免疫	蒙桑 *Morus mongolica* (Bur.) Schneid.	桑科 Moraceae	桑属 *Morus*
免疫	华桑 *Morus cathayana* Hemsl.	桑科 Moraceae	桑属 *Morus*

续表 5

抗性分类	种名	科名	属名
免疫	黑桑 *Morus nigra* L.	桑科 Moraceae	桑属 *Morus*
免疫	柘树 *Maclura tricuspidata* Carriere	桑科 Moraceae	橙桑属 *Maclura*
免疫	瓜木 *Alangium platanifolium*(Sieb. et Zucc.)Harms	山茱萸科 Cornaceae	八角枫属 *Alangium*
免疫	柿树 *Diospyros kaki* Thunb.	柿科 Ebenaceae	柿属 *Diospyros*
免疫	君迁子 *Diospyros lotus* L.	柿科 Ebenaceae	柿属 *Diospyros*
免疫	拐枣 *Hovenia acerba* Lindl.	鼠李科 Rhamnaceae	枳椇属 *Hovenia*
免疫	鼠李 *Rhamnus davurica* Pall.	鼠李科 Rhamnaceae	鼠李属 *Rhamnus*
免疫	枣树 *Ziziphus jujuba* Mill.	鼠李科 Rhamnaceae	枣属 *Ziziphus*
免疫	酸枣 *Ziziphus jujuba* var. *spinosa* (Bunge)Hu ex H. F. Chow.	鼠李科 Rhamnaceae	枣属 *Ziziphus*
免疫	文冠果 *Xanthoceras sorbifolium* Bunge	无患子科 Sapindaceae	文冠果属 *Xanthoceras*
免疫	异叶溲疏 *Deutzia heterophylla* S. M. Hwang	绣花球科 Hydrangeaceae	溲疏属 *Deutzia*
免疫	银杏 *Ginkgo biloba* L.	银杏科 Ginkgoaceae	银杏属 *Ginkgo*
免疫	银鹊树 *Tapiscia sinensis* Oliv.	瘿椒树科 Tapisciaceae	瘿椒树属 *Tapiscia*
免疫	花椒 *Zanthoxylum bungeanum* Maxim.	芸香科 Rutaceae	花椒属 *Zanthoxylum*
免疫	黄檗 *Phellodendron amurense* Rupr.	芸香科 Rutaceae	黄檗属 *Phellodendron*

续表 6

抗性分类	种名	科名	属名
免疫	吴茱萸 *Tetradium ruticarpum*(A. Jussieu)T. G. Hartley	芸香科 Rutaceae	吴茱萸属 *Tetradium*
免疫	臭檀 *Tetradium daniellii* (Bennett)	芸香科 Rutaceae	吴茱萸属 *Tetradium*
免疫	楸树 *Catalpa bungei* C. A. Mey	紫葳科 Bignoniaceae	梓属 *Catalpa*
免疫	梓树 *Catalpa ovata* G. Don	紫葳科 Bignoniaceae	梓属 *Catalpa*
免疫	黄金树 *Catalpa speciosa* (Warder ex Barney)	紫葳科 Bignoniaceae	梓属 *Catalpa*
高抗	毛白杨 *Populus tomentosa* Carrière	杨柳科 Salicaceae	杨属 *Populus*
高抗	柽柳 *Tamarix chinensis* Lour.	柽柳科 Tamaricaceae	柽柳属 *Tamarix*
高抗	刺槐 *Robinia pseudoacacia* L.	豆科 Leguminosae	刺槐属 *Robinia*
高抗	沙棘 *Hippophae rhamnoides* L.	胡颓子科 Elaeagnaceae	沙棘属 *Hippophae*
高抗	沙枣 *Elaeagnus angustifolia* L.	胡颓子科 Elaeagnaceae	胡颓子属 *Elaeagnus*
高抗	鹅耳枥 *Carpinus turczaninowii* Hance	桦木科 Betulaceae	鹅耳枥属 *Carpinus*
高抗	少脉椴 *Tilia paucicostata* Maxim.	椴树科 Tiliaceae	椴属 *Tilia*
高抗	梧桐 *Firmiana platanifolia* (Linn. f.)Marsili	梧桐科 Sterculiaceae	梧桐属 *Firmiana*
高抗	锐齿栎 *Quercus aliena* var. *aculeserrata*	壳斗科 Fagaceae	栎属 *Quercus*
高抗	辽东栎 *Quercus wutaishanica* Blume	壳斗科 Fagaceae	栎属 *Quercus*

续表 7

抗性分类	种名	科名	属名
高抗	水曲柳 *Fraxinus mandshurica* Rupr.	木樨科 Oleaceae	梣属 *Fraxinus*
高抗	白梨 *Pyrus bretschneideri* Rehd.	蔷薇科 Rosaceae	梨属 *Pyrus*
高抗	杜梨 *Pyrus betulifolia* Bunge	蔷薇科 Rosaceae	梨属 *Pyrus*
高抗	山杏 *Prunus sibirica* L.	蔷薇科 Rosaceae	李属 *Prunus*
高抗	山桃 *Prunus davidiana* (Carrière) Franch.	蔷薇科 Rosaceae	李属 *Prunus*
高抗	樱桃 *Prunus pseudocerasus* (Lindl.) G. Don	蔷薇科 Rosaceae	李属 *Prunus*
高抗	木瓜 *Pseudocydonia sinensis* (Thouin) C. K. Schneid.	蔷薇科 Rosaceae	木瓜属 *Pseudocydonia*
高抗	海棠 *Malus spectabilis* (Ait.) Borkh.	蔷薇科 Rosaceae	苹果属 *Malus*
高抗	山楂 *Crataegus pinnatifida* Bunge	蔷薇科 Rosaceae	山楂属 *Crataegus*
高抗	构树 *Broussonetia papyrifera* (L.) L'Hér. ex Vent.	桑科 Moraceae	构属 *Broussonetia*
高抗	桑树 *Morus alba* L.	桑科 Moraceae	桑属 *Morus*
高抗	栾树 *Koelreuteria paniculata* Laxm.	无患子科 Sapindaceae	栾属 *Koelreuteria*
高抗	茶条槭 *Acer tataricum* subsp. *ginnala* (Maximowicz) Wesmael	槭树科 Aceraceae	槭属 *Acer*
高抗	法桐 *Platanus orientalis* L.	悬铃木科 Platanaceae	悬铃木属 *Platanus*
高抗	银白杨 *Populus alba* L.	杨柳科 Salicaceae	杨属 *Populus*

续表 8

抗性分类	种名	科名	属名
高抗	河北杨 *Populus hopeiensis* Hu et Chow	杨柳科 Salicaceae	杨属 *Populus*
高抗	沙林杨 *Populus deltoides* ‘Shalinyang’	杨柳科 Salicaceae	杨属 *Populus*
高抗	北杨 *Populus deltoides* ‘Beiyang’	杨柳科 Salicaceae	杨属 *Populus*
高抗	北抗杨 *Populus deltoides* cl. Beikang.	杨柳科 Salicaceae	杨属 *Populus*
高抗	白玉兰 *Yulania denudata* (Desr.) D. L. Fu	玉兰科 Magnoliaceae	玉兰属 *Yulania*
高抗	紫玉兰 *Yulania liliiflora* (Desr.) D. L. Fu	玉兰科 Magnoliaceae	玉兰属 *Yulania*
抗性	大叶朴 *Celtis koraiensis* Nakai	大麻科 Cannabaceae	朴属 *Celtis*
抗性	苹果 *Malus pumila* Mill.	蔷薇科 Rosaceae	苹果属 *Malus*
抗性	山杨 *Populus davidiana* Dode	杨柳科 Salicaceae	杨属 *Populus*
抗性	新疆杨 *Populus alba* var. *pyramidalis* Bunge	杨柳科 Salicaceae	杨属 *Populus*
抗性	北京杨 *Populus* × *beijingensis* W. Y. Hsu	杨柳科 Salicaceae	杨属 *Populus*
抗性	I-69 杨 *Populus deltoids* Bartr. cv. ‘Lux’ (I-69/55)	杨柳科 Salicaceae	杨属 *Populus*
抗性	36 号杨 *Populus deltoides* CL. ‘2KEN8’	杨柳科 Salicaceae	杨属 *Populus*
抗性	50 号杨 *Populus deltoides* CL. ‘55/65’	杨柳科 Salicaceae	杨属 *Populus*
抗性	I-63 杨 *Populus deltoides* Bartr. cv. ‘Harvard’ (I-63/51)	杨柳科 Salicaceae	杨属 *Populus*

续表 9

抗性分类	种名	科名	属名
抗性	冀秦 1 号 *Populus* × *euramericana* cv. 'jiqin-1'	杨柳科 Salicaceae	杨属 *Populus*
抗性	冀秦 2 号 *Populus* × euramericana cv. 'jiqin-2'	杨柳科 Salicaceae	杨属 *Populus*
抗性	银中杨 *Populus alba* × *berolinensis*	杨柳科 Salicaceae	柳属 *Salix*
抗性	圆冠榆 *Ulmus densa* Litw.	榆科 Ulmaceae	榆属 *Ulmus*
感虫	垂枝桦 *Betula pendula* Roth.	桦木科 Betulaceae	桦木属 *Betula*
感虫	白桦 *Betula platyphylla* Suk.	桦木科 Betulaceae	桦木属 *Betula*
感虫	稠李 *Prunus padus* L.	蔷薇科 Rosaceae	李属 *Prunus*
感虫	七叶树 *Aesculus chinensis* Bunge	七叶树科 Hippocastanaceae	七叶树属 *Aesculus*
感虫	红花七叶树 *Aesculus* × *carnea* Zeyher	七叶树科 Hippocastanaceae	七叶树属 *Aesculus*
感虫	欧洲七叶树 *Aesculus hippocastanum* L.	七叶树科 Hippocastanaceae	七叶树属 *Aesculus*
感虫	青榨槭 *Acer davidii* Franch.	槭树科 Aceraceae	槭属 *Acer*
感虫	杈叶槭 *Acer robustum* Pax	槭树科 Aceraceae	槭属 *Acer*
感虫	复叶槭 *Acer negundo* L.	槭树科 Aceraceae	槭属 *Acer*
感虫	糖槭 *Acer saccharum* Marshall	槭树科 Aceraceae	槭属 *Acer*
感虫	元宝槭 *Acer truncatum* Bunge	槭树科 Aceraceae	槭属 *Acer*

续表 10

抗性分类	种名	科名	属名
感虫	三角枫 *Acer buergerianum* Miq.	槭树科 Aceraceae	槭属 *Acer*
感虫	红枫 *Acer palmatum* ‘Atropurpureum’	槭树科 Aceraceae	槭属 *Acer*
感虫	五角枫 *Acer pictum* subsp. *mono* (Maxim.) H. Ohashi	槭树科 Aceraceae	槭属 *Acer*
感虫	挪威槭 *Acer platanoides* L.	槭树科 Aceraceae	槭属 *Acer*
感虫	欧亚槭 *Acer pseudoplatanus* L.	槭树科 Aceraceae	槭属 *Acer*
感虫	银白槭 *Acer saccharinum* L.	槭树科 Aceraceae	槭属 *Acer*
感虫	二球悬铃木 *Platanus acerifolia* (Aiton) Willd.	悬铃木科 Platanaceae	悬铃木属 *Platanus*
感虫	旱柳 *Salix matsudana* Koidz.	杨柳科 Salicaceae	柳属 *Salix*
感虫	垂柳 *Salix babylonica* L.	杨柳科 Salicaceae	柳属 *Salix*
感虫	馒头柳 *Salix matsudana Koidz. f. umbraculifera* Rehd.	杨柳科 Salicaceae	柳属 *Salix*
感虫	南京柳 *Salix nankingensis* C. Wang et Tung	杨柳科 Salicaceae	柳属 *Salix*
感虫	金丝垂柳 *Salix babylonica* × *S. alba-vitellina*	杨柳科 Salicaceae	柳属 *Salix*
感虫	龙爪柳 *Salix matsudana* f. tortuosa (Vilm.) Rehd.	杨柳科 Salicaceae	柳属 *Salix*
感虫	黄花柳 *Salix caprea* L.	杨柳科 Salicaceae	柳属 *Salix*
感虫	灰柳 *Salix cinerea* L.	杨柳科 Salicaceae	柳属 *Salix*

续表 11

抗性分类	种名	科名	属名
感虫	爆竹柳 *Salix fragilis* L.	杨柳科 Salicaceae	柳属 *Salix*
感虫	黄柳 *Salix gordejevii* Y. L. Chang et Skv.	杨柳科 Salicaceae	柳属 *Salix*
感虫	左旋柳 *Salix paraplesia* var. *subintegra* C. Wang et P. Y. Fu	杨柳科 Salicaceae	柳属 *Salix*
感虫	健杨 *Populus* × *canadensis* Moench cv. 'Robusta'	杨柳科 Salicaceae	杨属 *Populus*
感虫	沙兰杨 *Populus* × *canadensis* Moench cv. 'Sacrau 79'	杨柳科 Salicaceae	杨属 *Populus*
感虫	二白杨 *Populus* × *xiaohei* var. *gansuensis*(C. Wang & H. L. Yang)C. Shang	杨柳科 Salicaceae	杨属 *Populus*
感虫	箭杆杨 *Populus nigra* var. *thevestina*(Dode)Bean	杨柳科 Salicaceae	杨属 *Populus*
感虫	小黑杨 *Populus* × *xiaohei* T. S. Hwang et Liang	杨柳科 Salicaceae	杨属 *Populus*
感虫	双阳快杨 *Populus* × *xiaozhuanica* cv. 'Shuang yangensis'	杨柳科 Salicaceae	杨属 *Populus*
感虫	I-214 杨 *Populus* × *euramericana* cv. 'I-214'	杨柳科 Salicaceae	杨属 *Populus*
感虫	新生杨 *Populus* × *canadensis* 'Regenerata'	杨柳科 Salicaceae	杨属 *Populus*
感虫	香脂杨 *Populus balsamifera* L.	杨柳科 Salicaceae	杨属 *Populus*
感虫	胡杨 *Populus euphratica* Oliv.	杨柳科 Salicaceae	杨属 *Populus*
感虫	加杨 *Populus* × *canadensis* Moench	杨柳科 Salicaceae	杨属 *Populus*
感虫	小美旱杨 *Populus simonii* ×(*Populus pyramidalis* + *Salix matsudana*) 'Poparis'	杨柳科 Salicaceae	杨属 *Populus*

续表 12

抗性分类	种名	科名	属名
感虫	大官杨 *Populus* × *dakuanensis* Hsu	杨柳科 Salicaceae	杨属 *Populus*
感虫	小叶杨 *Populus simonii* Carr.	杨柳科 Salicaceae	杨属 *Populus*
感虫	尤金杨 *Populus* × *canadensis* ‘Eugenei’	杨柳科 Salicaceae	杨属 *Populus*
感虫	美杨 *Populus pyramidalias* Rozier	杨柳科 Salicaceae	杨属 *Populus*
感虫	山海关杨 *Populus canadensis* cv. shanhaiguanensis	杨柳科 Salicaceae	杨属 *Populus*
感虫	辽杨 *Populus maximowiczii* Henry	杨柳科 Salicaceae	杨属 *Populus*
感虫	青杨 *Populus cathayana* Rehd.	杨柳科 Salicaceae	杨属 *Populus*
感虫	小青杨 *Populus pseudosimonii* Kitagawa	杨柳科 Salicaceae	杨属 *Populus*
感虫	群众杨 *Populus* × *xiaozhuanica* cv. ‘Popularis’	杨柳科 Salicaceae	杨属 *Populus*
感虫	合作杨 *Populus* × *xiaozhuanica* cv. ‘Opera’	杨柳科 Salicaceae	杨属 *Populus*
感虫	钻天杨 *Populus nigra* var. *italica* (Moench) Koehne	杨柳科 Salicaceae	杨属 *Populus*
感虫	I-72 杨 *Populus* × *euramericana* cv. ‘I-72/58’	杨柳科 Salicaceae	杨属 *Populus*
感虫	白城 2 号杨 *Populus* × *xiaozhuanica* W. Y. Hsu et Liang cv. ‘Baicheng-2’	杨柳科 Salicaceae	杨属 *Populus*
感虫	白榆 *Ulmus pumila* L.	榆科 Ulmaceae	榆属 *Ulmus*
感虫	垂榆 *Ulmus pumila* cv. ‘Pendula’ Kirchner	榆科 Ulmaceae	榆属 *Ulmus*

续表 13

抗性分类	种名	科名	属名
感虫	裂叶榆 *Ulmus laciniata* (Trautv.) Mayr	榆科 Ulmaceae	榆属 *Ulmus*
感虫	白皮榆 *Ulmus davidiana* var. *japonica* (Rehd.) Nakai	榆科 Ulmaceae	榆属 *Ulmus*

资料来源：张恩光等，1995；周嘉熹等，1996；杨雪彦等，1996；王志刚等，2003，2009；乔海莉等，2007；高瑞桐等，2009；刘辉芳等，2009；赵学丽等，2011；姜威娜等，2012；Straw *et al*，2015；Meng *et al*，2015；曲艺璇，2019；孙妍等，2016；王哲等，2016；王志刚等，2018；Lyu *et al*，2023；武永贞与王小虎，2023。

限于文献的局限性，上述表格中的树种名录并不完整，有些树种或品种可能并未纳入进来，如杨树的一些新品种，其抗虫性还在检测试验中。另外还有一些树种可能存在争议，如洋白蜡（*Fraxinus pennsylvanica*），近年有文章认为其属于感虫树种（贾若峰等，2023），但笔者团队在疫区调查中还未发现其曾感染光肩星天牛，只发现其感染云斑天牛，因此还需要更多的野外调查才能确认。

小　结

光肩星天牛的寄主树种主要是阔叶树，其中受害严重的主要有杨柳科、槭属和榆属树种。不同种类杨树的抗虫性不同，为筛选抗性杨树造林提供了可能。

（孙佐翔，魏建荣）

光肩星天牛的生物防治技术

一、生物防治的地位和作用

光肩星天牛是世界检疫性害虫，其对我国的林业和出口贸易造成了严重的影响。由于光肩星天牛幼虫蛀食树木韧皮部及木质部的隐蔽生活方式，使得防治光肩星天牛一直面临挑战。作为一项通用、易于掌握的技术，化学防治在压低害虫种群密度方面起很大的作用。对于光肩星天牛，在成虫期喷洒化学农药、幼虫期通过树干注射化学农药等方法，均取得了一定效果。然而，对于天牛种群密度较低的情形，采用农药防治并非必要与妥当，因天牛在持续接触亚致死剂量药剂的情况下易产生抗药性，而且农药会杀伤天敌，长期使用会导致生态环境的恶化。在“绿水青山就是金山银山”的理念指导下，公众环保意识及健康观念的日益增强，使得我们需找寻对环境友好的光肩星天牛控制技术。生物防治方法的优势在于不会对环境和人体健康产生负面影响，同时具有较长的持效期。在掌握好害虫与天敌生物学特性、生活史的基础上，生物防治还可以与其他适当的防治方法相结合，形成综合防治体系，提高防治效果。

二、生物防治措施

从广义来说，生物防治（biological control）是一种利用天敌、寄生性或病原性微生物、信息素等生物因素以及生物技术手段对有害生物进行控制和管理的方法。从狭义来讲，生物防治可以分为以虫治虫、以鸟治虫和以菌治虫三大类。其中，以虫治虫是通过引入或增加捕食性昆虫、寄生性昆虫等天敌来控制害虫的数量。常见的捕食性天敌有郭公甲、蒲螨、蚂蚁、蜘蛛等，而寄生性昆虫包括花绒寄甲（*Dastarcus helophoroides*）、管氏肿腿蜂（*Sclerodermus guani*）、密足陡盾茧蜂（*Ontsira mellipes* Ashmead）等（魏建荣等，2007；张丽莹和薛国红，2019；Wang et al.，2019a）。以鸟治虫则利用鸟类作为天敌，鸟类常以害虫为食物，能够有效地控制害虫的数量。例如大斑啄木鸟（*Dendrocopos major*）、喜鹊（*Pica pica*）、戴胜（*Upupa epops*）、黑枕绿啄木鸟（*Picus canus*）等（张磊，2014；Golec et al.，2018）。以菌治虫则是利用寄生性或病原性微生物，如细菌（拟青霉、苏云金杆菌）、真菌（白僵菌、绿僵菌）或病毒（Hajek，2008；Hu，2010）来感染害虫，导致害虫的死亡。

广义上，采用化学信息素干扰光肩星天牛的行为也可视为一种生物防治方法。例如，利用信息素引诱光肩星天牛成虫进而杀死，从而降低害虫的数量。此外，还可以利用特定的树种如沙枣（*Elaeagnus angustifolia* L.）、复叶槭（*Acer negundo* L.）等来引诱进而杀死光肩星天牛。生物源农药如印楝（*Azadirachta indica* A. Juss）、牛心朴（*Vincetoxicum mongolicum*）和苦楝果（*Melia azedarach*）的提取物也被视为广义的生物防治措施被用于控制光肩星天牛（李丰，1999；王伦和李创，2015；罗立平等，2018）。这些生物防治方法具有环保优势，但需要根据当地害虫发生情况和生态条件来制定适当的防治策略。

（一）管氏肿腿蜂

利用天敌昆虫防治光肩星天牛，是当前和未来控制光肩星天牛种群的主要技术手段。目前研究最为深入、生产实践中应用最为广泛的主要有两类天敌，一是肿腿蜂，二是花绒寄甲。硬皮肿腿蜂属（*Sclerodermus*）昆虫在我国有几个不同的种，其中应用最早、范围最广的是管氏肿腿蜂，属昆虫纲，膜翅目（Hymenoptera），肿腿蜂科（Bethylidae），硬皮肿腿蜂属是一类主要以鞘翅目天牛类等多种蛀干害虫的幼虫和蛹为寄主的体外寄生蜂。在我国主要分布于河北、山东、陕西、山西、河南、广东、湖南、江苏等地。由于管氏肿腿蜂为抑性寄生，其母代在产卵前必须先刺螫寄主注入毒液使寄主麻醉，然后才在这个不食不动和毫无抵抗能力的寄主上产卵，因此管氏肿腿蜂在防治个体较小的天牛［如青杨天牛（*Saperda populnea*）、双条杉天牛（*Semanotus bifasciatus*）］时都有较好的效果，而在防治个体较大的天牛时效果不良（姚万军和杨忠岐，2008）。在利用管氏肿腿蜂防治光肩星天牛的研究中发现，管氏肿腿蜂对低龄光肩星天牛幼虫（1～3 龄）的寄生率较高，对 3 龄以上光肩星天牛幼虫的寄生率较低（张丽莹和薛国红，2019）。因此在生物防治中必须做好预测预报，根据光肩星天牛低龄幼虫（1～3 龄）的发生和出现期适时繁育和释放出管氏肿腿蜂成虫才能达到良好的防治效果。影响管氏肿腿蜂对光肩星天牛防治效果的因素很多，包括放蜂时间、放蜂量、虫蜂比、放蜂方法、气候条件等，因此规范天敌释放技术，对于更加合理、有效地利用该天敌对今后的生产防治实践具有重要意义。

1. 形态特征

成年雌蜂分无翅型和有翅型两种。无翅雌蜂体长 4.5 mm，腹部长 2.54 mm，头部褐色，略成方圆形。黑褐色复眼 2 个，无单眼。前胸背板中部长略大于其最大宽度。上颚具 3 齿，最前（端）部的齿最大，第 3 齿最小，第 2 齿大小居中。头与胸部及腹部第 1 节背板上有浅网状刻纹。有翅雌蜂体长 2.65 mm～4.5 mm，腹部长 1.42 mm～1.61 mm，头、中胸、腹部及腿节膨大部分为黑色，前胸、后胸为黑褐色。头部特征与无翅雌蜂相似，2 个复眼，背板中部长约与最宽处等长。翅透明，翅脉黄色至黄褐色。卵为乳白色，亮而半遮明状，长椭圆形，长约 0.3 mm，宽约 0.1 mm。老熟幼虫黄白色，体长 3 mm～4 mm，头尾部略尖。蛹为离蛹，初期为乳白色，羽化前渐变为黑褐色。茧白色，长 4 mm～4.5 mm（杨忠岐等，2014）。

2. 生活史

管氏肿腿蜂一年发生的代数随其寄主种类及所在地区的气候不同而异。在室内人工饲养条件下，河北、山东一年可完成 5 代，广州一年可完成 7～8 代。以成蜂在树干的天牛虫道内越冬。在 28 ℃、相对湿度 70%的条件下，完成 1 个世代各虫态的历期是：产卵前期 3～4 天，卵期 5～6 天，幼虫期 5～7 天，蛹期 11～15 天。在低于 20 ℃的环境条件下，管氏肿腿蜂子代蜂发育历期延长或雌蜂不产卵（康文通等，2008）。

3. 繁殖与释放技术

我国学者于 1977 年首次在室内成功繁殖了管氏肿腿蜂。通常的繁殖方法是通过人工采集危害杨树的青杨天牛或危害松树的松墨天牛，或是危害侧柏的双条杉天牛的幼虫或蛹，在实验室开展接蜂工作。此外，也可以利用黄粉甲等作为寄主进行人工繁殖。有研究者也利用一些鳞翅目幼虫和膜翅目幼虫繁殖肿腿蜂，但繁蜂质量不能保证。管氏肿腿蜂在 26 ℃和 79％～83％湿度下繁殖效果最佳，每一代繁殖需要大约 33 天，未交配的雌蜂也可以进行孤雌生殖，所产后代全是雄性。在选取管氏肿腿蜂种蜂时需要注意以下几个方面：

（1）选择健康、活泼且无翅的雌蜂作为种蜂。这些蜂种通常具有较好的繁殖能力和外观特征。

（2）控制有翅雌蜂数量。在选取种蜂的过程中，统计有翅雌蜂和无翅雌蜂的数量。如果有翅雌蜂数量超过总雌蜂数量的 30％，则这批蜂不能作为种蜂。过多的有翅雌蜂可能是寄主营养不足的一个标志，这种情况可能会导致无翅雌蜂体型变小，并削弱其繁殖能力。

（3）监测死亡率。统计贮藏种蜂的死亡和存活数量。如果死亡雌蜂数量超过总雌蜂数量的 20％，这批蜂也不能作为种蜂。

因此，在选取种蜂时，需要对外观特征、有翅雌蜂数量和死亡率进行严格的检查，以确保选取到的种蜂具有良好的繁殖能力和生活力。

室内繁蜂方法：根据室内研究结果显示，每头老熟的光肩星天牛幼虫需要接入至少 6 头以上的管氏肿腿蜂雌蜂，光肩星天牛才能够被制服，管氏肿腿蜂也才能成功地繁殖后代。在接种蜂种之前，需要对所有接种用品进行紫外线和高温消毒，以防止寄主和蜂种感染。定期检查储存蜂种的塑料管子，如发现有霉菌滋生的蜂管，应及时挑出并进行处理，以避免交叉感染。同时，羽化出来的蜂种应及时从繁蜂室内挑出保存（刘锡平等，2002）。

放蜂防治时间：光肩星天牛幼虫 1～3 龄期为最佳时期。

点株式放蜂法：首先，在树干上插入一根大头针，然后打开繁蜂管的棉塞，并将管口倒套在大头针上或者倒套在诱木的枝丫上。管底要稍微高于管口，以防止雨水浸泡未羽化的蜂蛹。每株树上放置 1 支蜂管，每公顷在 80 至 100 株寄主树上释放。点式放蜂法：与点株式放蜂法的操作方法相似，但每株树放置 10 支蜂管，每公顷放置 4 至 6 个点（徐克勤等，2002）。上述两种方法接近于接种式释放法。

野外试验结果显示，点株式放蜂法在控制光肩星天牛的虫口密度方面表现出明显的优势。当虫蜂比例达到1∶10时，该方法能够有效控制光肩星天牛的数量（张丽莹和薛国红，2019）。这意味着释放管氏肿腿蜂可以成为一种有效的生物防治光肩星天牛措施。

气候条件：要求放蜂时室外白天平均气温在20 ℃以上，放蜂前后3～4天无降雨天气。宜在9时至11时、15时至18时放蜂以避免肿腿蜂被阳光曝晒（刘锡平等，2002）。

（二）花绒寄甲

花绒寄甲属鞘翅目（Coleoptera），寄甲科（Bothrideridae），曾用名有花绒坚甲、花绒穴甲、木蜂寄甲等，后因这种昆虫具有寄生性，便被更名为花绒寄甲。花绒寄甲广泛分布于中国的辽宁、上海、山东、江苏、广东、四川、安徽、浙江、湖北、北京、山西、河北、河南、内蒙古、陕西、天津、宁夏和甘肃东南部等地（魏建荣等，2007）。花绒寄甲是栗山天牛（*Massicus raddei*）、光肩星天牛（*A. glabripennis*）、云斑白条天牛（*Batocera horsfieldi*）、松墨天牛（*Monochamus alternatus*）和锈色粒肩天牛（*Apriona swainsoni*）、星天牛

(*Anoplophora chinensis*) 等天牛类害虫的寄生性天敌昆虫。由于花绒寄甲主要生活在寄主天牛类幼虫的虫道内或树皮裂缝中，且较少活动，因此它与寄主的关系极为密切。从我国国内不同地域、不同天牛的寄主树木虫道内采集的花绒寄甲可能具有一定的寄主专化性。事实上，已发现三类不同的寄主专化型（Wei et al.，2009）。到目前为止，研究人员共从六种不同天牛寄主上发现花绒寄甲，这些寄主包括光肩星天牛、栗山天牛、松墨天牛、云斑天牛、锈色粒肩天牛、星天牛。由于采集地点距离较远，且寄主树不同，因此不同花绒寄甲种群可能在长时期内处于比较隔绝的状态。这种隔绝状态导致了它们或多或少对环境气味形成了一定的专化性（Wei et al.，2009；门金等，2017）。不过，由于早期的研究者在人工饲养不同种群花绒寄甲时，并未注意到其 1 龄幼虫的积极活动性，导致不同种群的花绒寄甲有所混杂。自 2003 年左右始，随着花绒寄甲的繁殖技术逐渐成熟（雷琼等，2003），国内工厂化的大规模扩繁，使得越来越多的人工繁殖种群被释放到了各地林间，因此不同种群的差异性也不再容易区分了。

花绒寄甲作为光肩星天牛的主要天敌昆虫，早在 20 世纪 80 年代即有较为详细的报道（周嘉熹等，1985；秦锡祥和高瑞桐，1988）。在适生区，花绒寄甲对光肩星天牛有较好的自然控制效果。采用人工增殖释放的花绒寄甲，不仅不会对自然环境产生负面影响，反而能较持续地控制住光肩星天牛的种群数量。花绒寄甲作为蛀干类天牛害虫的优秀天敌，已在全国范围内得到广泛应用，成为当前控制此类害虫的主要技术手段。

1. 形态特征

卵：梭形，新产卵为乳白色，孵化过程中逐步变为黄褐色，长 0.8 mm～1.0 mm，宽为 0.2 mm 左右。

幼虫：分为 6 龄，长 2 mm～14 mm。1 龄幼虫闯蛐型，具胸足 3 对，可爬行寻找寄主。2 龄幼虫起胸足渐褪化，身体肥大体形似蛆。

茧和蛹：茧密丝质，长椭圆体，长 6.3 mm～14.6 mm，宽 2.6 mm～5.4 mm。随着发育，茧由灰白色逐渐变成深褐色。茧内新蛹为乳白色，羽化前变为淡黄色。

成虫：初羽化时体色呈深红褐色，后逐渐转为深褐色。椭圆形，扁平坚硬。体长 5 mm～11 mm，宽 2 mm～5 mm。触角共 11 节，末端膨大为球形。头可伸缩于弧形的前胸背板下，背板表面密布鳞片。鞘翅上分布有棕褐色斑点，共六个。此外鞘翅上还有灰褐色沟槽或纵脊，共 4 条（秦锡祥和高瑞桐，1988）。

2. 生物学特性和生活史

花绒寄甲成虫在野外每年有两个产卵时期，分别在 4 月至 5 月和 9 月份。成虫对天牛类虫粪具有一定的趋向性，一般将卵产于天牛类幼虫的排粪孔附近或虫道内。花绒寄甲的卵期大约为 9 至 11 天，平均为 10.2 天（秦锡祥和高瑞桐，1988）。室内饲养时，卵期较短，可短至 5 天左右。幼虫孵化后快速寻找天牛类幼虫和蛹，从虫道爬行进入，爬附于天牛老熟幼虫或蛹上进行寄生。花绒寄甲幼虫期只持续 7 天左右，而蛹期则需要 30～40 天(详见图 7)。花绒寄甲的寿命可达 4～6 年，因此在其一生中主要以成虫的形态存在（魏建荣等，2008）。由于成虫寿命长，能多次交配、多次产卵，因此雌虫在其一生中可大量产卵。这一特性可能是弥补其 1 龄幼虫因大多数个体找不到适宜寄主进行寄生而夭折的生存策略。这种生存策略是花绒寄甲这个物种与寄主天牛长期演化过程中形成的高度特化的生存方式。花绒寄甲的卵、幼虫阶段历期极短，有效避免了蚂蚁等其他物种对其捕食或寄生。因此，花绒寄甲成为天牛类害虫最为独特和有效的天敌昆虫。花绒寄甲成虫食性较杂，但食量不大，主要取食不同昆虫的尸体，偶尔啃食树皮和真菌孢子等，有时也会直接攻击天牛幼虫致后者死亡。

图 7　天牛虫道中的花绒寄甲蛹（魏建荣　摄）

文献记录花绒寄甲在北京市1年可繁殖1到2代（秦锡祥和高瑞桐，1988）；甘肃东部地区1年繁殖1代，其中6月至7月是幼虫主要发生期（周嘉熹等，1985）；在广东，1年繁殖多于2代，而成虫的活动常年可见，有明显的世代重叠现象（黄焕华等，2003）。花绒寄甲成虫的寿命极长，理论上3年内可共繁育出6个世代63个子代（廖成家，2017），或3年内可连续繁殖出6个世代及21对姊妹代（雷琼等，2003）。因此以传统意义上的表述方法很难对花绒寄甲的发生代数或种群增长指数进行准确描述。建议将来采用人口统计中的年增长率或年出生率对花绒寄甲的繁殖进行表述。比如，一对雌雄花绒寄甲成虫一年繁殖出2000头后代，则年增长率（%）为2000/2＝1000。

3. 释放技术

在利用花绒寄甲进行防治时，可以选择投放花绒寄甲的成虫或卵卡，也可以将它们合并投放。在气候干燥地区，直接将花绒寄甲卵卡暴露在树皮外面可能会导致卵的孵化率降低，从而影响防治效果，因此释放花绒寄甲成虫会更有效（许士文等，2019）。不过，释放花绒寄甲卵不需要先通过活体寄主饲养到成虫阶段，而在人工饲养条件下，花绒寄甲能够产下大量的卵，因此成本较低（雷琼等，2003）。释放时间应以 5 月中旬为宜，即在老熟幼虫化蛹前。另因各地气温不一样，还应视当地光肩星天牛的发育情况而定。

成虫释放方法：一般来说，光肩星天牛的幼虫排粪孔比较固定，因此可以将有新鲜虫粪排出的排粪孔数作为大致虫口数。选择有光肩星天牛新鲜虫粪排出孔的寄主树进行释放（详见图 8）。可以直接释放成虫，也可通过相应的释放器进行释放。可以采用接种式释放，即少量择株释放；也可采用淹没式释放，即大量释放，具体取决于成本预算和天牛种群密度。由于花绒寄甲喜欢在黄昏或清晨活动（魏建荣等，2008），因此应选择在晴天的黄昏时释放。由于成虫具有一定的活动性，因此在释放后，成虫很快会找到隐蔽处栖息。如果饲养的成虫羽化时间远早于林间释放时间，则成虫释放前需要低温贮藏，不同的贮藏温度会对成虫的寿命和产卵量有较大的影响，在 12 ℃条件下贮存较好（仇兰芬等，2020）。

图 8　野外发现光肩星天牛排粪孔处的花绒寄甲成虫（魏建荣　摄）

卵卡释放方法：将 50～100 粒花绒寄甲卵粘贴到剪好的牛皮纸上，然后将卵折于纸片里面，外面标注好卵粒数，再用订书针钉住，这样就制成了卵卡。选择有新鲜虫粪排出的受害树植株进行释放，一般按排粪孔与花绒寄甲卵 1∶30～1∶50 的比例释放。用图钉将卵卡钉在树皮附近的排粪孔处，每张卵卡距离排粪孔不超过10 cm。卵卡做好后，应尽快将其释放到受害树上，以避免卵孵化后幼虫逃逸的可能性，同时要避免花绒寄甲卵卡受到雨淋和蚂蚁的捕食以及阳光暴晒。释放卵的方法适于没有足够的成虫释放时的权宜措施。卵卡在制作好后，若无法立即释放，需进行低温保存。在 12 ℃且相对湿度为 60%的条件下，花绒寄甲卵的适宜储存时长在 45 天内，而储存 15 天时对花绒寄甲的发育最有利（王丽娜等，2020）。

（三）大斑啄木鸟

大斑啄木鸟属鴷形目（Piciformes），啄木鸟科（Picidae），斑啄木鸟属。在我国除西藏自治区和台湾省之外，其他地区都有大斑啄木鸟分布。大斑啄木鸟是著名的食虫鸟，与其他鸟类相比，它食量较大，猎捕主动性强，是光肩星天牛等森林害虫的重要捕食性天敌（杨奋勇等，2006）。在光肩星天牛危害区域，通过吸引大斑啄木鸟进行生物防治，不仅经济有效，而且有利于生态平衡。为了保护啄木鸟种群的增长，除了依法保护鸟类和加强宣传外，还应采取保护措施和改善环境，为啄木鸟提供合适的生存条件（马金生等，1996）。对于森林资源欠发达地区，应注重保护和吸引啄木鸟，而对于森林覆盖率高的地区，应保留林中的枯立木和腐朽木，为啄木鸟提供栖息和繁衍的条件。

1. 形态特征

大斑啄木鸟体长 23 cm～26 cm，翅展 38 cm～44 cm。体色上黑下白，翅黑色间有椭圆形白斑，尾部有红色斑块。雄鸟枕部红色，雌鸟为黑色。虹膜为红色，嘴角和脚均呈灰色。足具四趾，第二和第三趾朝前，第一和第四趾向后。跗跖上端被羽，前缘被盾鳞。锐利的钩爪可以有力地抓握树干（钱燕文和郑作新，1960）。嘴强直如凿，舌细长且能伸缩自如，舌尖端列生短钩，舌头有黏性，这些特征有助于它们捕食树体内的昆虫（杨奋勇等，2006）。

2. 生物学特征

大斑啄木鸟属典型的林栖鸟类，主要以昆虫的幼虫为食。常见于山地、平原的苗圃及树林内，没有明显的占区行为，为留鸟。觅食时，它们会在树干上垂直跳跃或做螺旋式攀登，一旦发现树干中有虫时就会啄树取食；

有时也在地面觅食。飞时鼓翼缓慢，略呈波浪形态。每年繁殖时，自行凿洞，秋末冬初凿洞最盛，只用自己凿的洞，不用或很少用人工造好的树洞，因此它们被人们归类为初级洞巢鸟。每年繁殖一次，5 月下旬为产卵期，每窝产卵 3～5 枚，孵卵期为 11～13 天。育雏期在 6 月上旬，两亲鸟每天喂雏 45～90 次。

3. 招引与保护方法

大斑啄木鸟一般在直径大于 20 cm 的腐朽树干上啄凿树洞为巢。若采用招引木段吸引大斑啄木鸟筑巢，只要方法和条件适宜，就能成功吸引它们。招引木段吸引这种方法不仅成本低，而且效益显著，适于推广。也可以制作招引鸟巢进行招引：取长约 60 cm、粗约 17 cm 的杨、柳树心腐木段，在木段中间人工凿直径 10 cm、深 20 cm 的洞，然后在洞里填充木屑，悬挂时在洞上方用塑料袋盖好，以防渗入雨水。鸟巢制作好，要挂于 4 m 高的树干北向或树干弯曲处（利于避风雨）（张仲信，1992；杨奋勇等，2006）。为了更精确地记录和管理，可以通过 GPS 定位所有招引巢穴的位置（成建新，2010）。在雨季到来之前，检查啄木鸟洞穴有无被雨水淋进的可能，如有，应在洞穴上方筑一防护设施（一般钉一木片，防雨水冲淋）。因大斑啄木鸟胆小，易受惊吓，在悬挂招引鸟巢时，需尽量远离住宅和道路，以减少噪声干扰。悬挂高度至少为 4 m，这样可以有效控制鸟巢的丢失和人为破坏。悬挂时间：悬挂巢穴的工作应在秋末和冬初，最晚不得超过 2 月底，以便大斑啄木鸟有足够的熟悉、活动时间。悬挂密度和距离：人工鸟巢可按照 1 hm^2 悬挂 2～3 个的密度布设。悬挂时不宜离得太近，最低间隔要保留在 100 m 以上（王东生，2005）。

在啄木鸟的诱引工作中，比较塑料树、水滴状的巢洞和悬挂中空木段等方法，其中悬挂中空木段的效果最为成功（矫振彪，2008）。另外，如果人工引种大斑啄木鸟，需要精心选择适宜的生存环境、引种时间和放飞方式（孙妍等，2016）。

（四）病原微生物

昆虫病原性真菌及其代谢产物被认为是一种安全、高效且易于使用的替代品。与农药相比，真菌杀虫剂对蜜蜂、寄生性和捕食性天敌等有益生物的风险较小。目前世界范围内应用广泛的病原性微生物包括昆虫病原性真菌（虫霉属 *Entomophaga*、白僵菌 *Beauveria*、绿僵菌 *Metarhizium*、拟青霉属 *Paecilomyces* 等）、昆虫病原性细菌（嗜线虫杆菌 *Xenorhabdus nematophila*、苏云金杆菌 *Bacillus thuringiensis* 和粘质沙雷氏菌 *Serratia marcescens*）、昆虫病毒以及昆虫病原性线虫等。

白僵菌是一种在生物防治中有广泛应用的真菌。其中球孢白僵菌（*Beauveria bassiana*）和布氏白僵菌（*Beauveria brongniartii*）比较常见。白僵菌寄主范围广，其寄主昆虫多达 15 个目 149 科 700 多种昆虫（包括蚜虫、飞虱、蝗虫、红脂大小蠹、斜纹夜蛾等）和 6 科 10 多种螨类等动物（Li et al.，2014）。白僵菌入侵虫体有两种方式，一种是从消化道侵入虫体，另一种是从昆虫体表入侵，而后者更为常见。从昆虫体表入侵的具体过程为：通过疏水作用，白僵菌会黏附在昆虫体表，随后孢子从昆虫体表吸收水分并萌发，产生芽管；芽管顶端会分泌几丁质酶和蛋白酶，以降解昆虫表皮中的几丁质和蛋白质；芽管穿透昆虫的角质层，进入昆虫体腔；在体腔内，真菌产生大量芽生孢子，感染昆虫的不同系统，并产生毒素，这些作用可导致昆虫死亡（Xiong et al.，2013；Kumar et al.，2016）。此外，将增效剂 H_3BO_3 与白僵菌悬浮液混合使用，可以增强白僵菌对光肩星天牛的侵染能力，提前引发光肩星天牛发病，并增加光肩星天牛的死亡率（王素英等，2002）。

绿僵菌是一种虫生真菌，菌落形态呈绒毛状至絮状，最初为白色，产孢后呈泛绿色，还可能呈现其他各种色泽。绿僵菌具有强大的致病力，广泛适用于防治多种昆虫、螨类和线虫，寄主范围包括 8 个目、42 个科、约 200 种（蒲蛰龙，1985）。绿僵菌不仅对温血动物无害，而且容易培养，耐贮藏，施用也极为简便。因此，绿僵菌被认为是一种具有广阔应用前景和多种实用价值的生防菌。绿僵菌主要侵染光肩星天牛幼虫的腹部节间膜和气门附近区域。这些部位较为脆弱，有利于绿僵菌的分生孢子附着、迅速萌发并侵入幼虫体内。绿僵菌主要通过光肩星天牛的成虫进行传播。携带有绿僵菌分生孢子的雄成虫可以通过交配将更多的真菌孢子传递给雌成虫，从而实现雌雄之间的真菌传播（Peng et al.，2011）。由于光肩星天牛雄虫一生中可与多头雌虫交尾，并且常与一头雌虫进行多次交尾，这会导致受感染的成虫数量增加，从而减少后代种群数量。这种传播方式有助于绿僵菌在光肩星天牛种群中传播和扩散。当光肩星天牛的雌成虫感染了绿僵菌后，寿命会缩短，导致雌成虫一生产卵量减少（Hajek et al.，2008）。绿僵菌制剂有几种常见的剂型，包括粉剂、可湿性粉剂、干菌丝和油剂。

使用上述真菌防治光肩星天牛有几种常见的方法。无纺布菌条作为一种新型的真菌杀虫方法，受到广泛关注。布氏白僵菌、金龟子绿僵菌和褐色绿僵菌采用无纺布菌条的方式对光肩星天牛成虫有显著的影响。无纺布菌条能够提供更多的与真菌孢子接触的机会（张波等，1999），因此对成虫的致死率更高，同时也能明显降低成虫的产卵能力（Dara et al，2019）。无纺布菌条上的绿僵菌分生孢子在田间可以保持至少 112 天的毒力（Shanley et al.，2009）。与喷雾法相比，使用无纺布菌条的成虫产卵数量显著较低，因此无纺布菌条是一种有效的施药方法，可以在光肩星天牛防治中发挥重要的作用（徐金柱等，2003）。使用点滴法进行防治是将试验中的菌液分别装入注射器和点滴瓶中，采用自流式注干法进行防治，即利用便携式电钻在树干基部斜向下 45°打一个直径为

5 mm、深度 4 cm～5 cm 的孔，通过注射器将菌液注入树孔中，或者使用一次性输液管将点滴瓶中的菌液输入树木内部（高玉梅等，2010）。常规注干法是在树干基部斜向下打直径 1 cm、深度 6 cm～8 cm 的孔，然后将药剂一次性注入树干中（张新才等，2005）。另外，也有学者研究采用肿腿蜂携带球孢白僵菌和粉拟青霉来防治光肩星天牛（王素英等，1999），但这种方法在生产实践中的应用不多。

昆虫病原性线虫是一类防治农林害虫的新型生防因子，具有致死时间短、使用安全、不产生抗性等优点。国内学者采用斯氏线虫对云斑天牛、松墨天牛、星天牛、桑天牛、荔枝龟背天牛和桃红颈天牛开展了防治试验，也对光肩星天牛幼虫采用具有较高致病性的嗜菌异小杆线虫涿州品系（*Heterorhabditis* sp. ZH）开展了研究(李宁等，2011)。但由于昆虫病原性线虫的自然扩散力较差，因此在蛀干害虫的防治上推广应用面积有限，且因昆虫病原性线虫需要保持一定的湿度才能够维持其活力和寿命，因此病原性线虫在我国西北干旱、半干旱地区的应用受到了较大的限制。

粘质沙雷氏菌发现于柳树、杨树的虫道中，对幼虫有致死现象，对光肩星天牛幼虫的防治有较大的潜力（曹文秋等，2020）。

以病原性微生物为主要生物活性成分的制剂具有无残留、持效期长、致病力强、应用效果好、易生产、对非靶标生物安全等优点，在使用过程中，只要充分了解其作用机理和生物学特性，扬长避短，充分发挥其最大效能，在生产实践中就会有广阔应用前景。

（五）螨虫

螨虫是近年来蛀干害虫防治中的一个应用研究方向，以蒲螨的研究较多（张佐双等，2008；胡帅等，2013）。有学者曾利用其控制光肩星天牛，但在室内条件下，蒲螨对光肩星天牛幼虫控制效果差（张丽莹和薛国红，2019）。近来王敦课题组利用摩泽蒲螨携带杀虫真菌孢子来靶向防治光肩星天牛，发现作为媒介的摩泽蒲螨能成功将真菌孢子传播到光肩星天牛幼虫蛀道中，使病原真菌能够靶向性地感染光肩星天牛幼虫并导致其死亡。该方法的水平传播直径约为 10 m，有望发展成为一种防效显著、操作简便、绿色无污染的生物防治光肩星天牛新技术（唐汉尧等，2022）。

我国地域辽阔，光肩星天牛分布范围也较广。针对不同地区光肩星天牛所造成的危害情况，我们应当因地制宜采用相应的生物防治方法。首先需要了解当地天敌的种类，观察和了解它们的生活习性和越冬场所，以便进一步考虑如何促进天敌的自然繁殖、进行少量的人工繁殖乃至大规模繁殖。同时，也需要了解光肩星天牛天敌的栖息场所，以便做好天敌的保护工作。总的来说，传统生物防治方法提供了一种可选择的、环保的方式来控制光肩星天牛等有害生物的数量。

（六）生物提取物

生物提取物是指从植物、微生物等生物体中提取的具有防治作用的活性成分（张兴等，1999）。相比化学农药，生物提取物更易降解，不易在环境中残留，对生态系统的影响更小。

印楝素是一种从印楝中提取的天然植物化合物，具有广谱的杀虫活性。它对许多昆虫以及一些细菌、真菌、病毒和线虫具有生物活性。印楝素在环境中易于降解，对有益生物相对较安全，因此被广泛作为一种重要的植物源杀虫剂，具有潜在的防治光肩星天牛的价值。在实际应用过程中，需要根据具体情况并遵循相关的使用说明，定期监测和评估防治效果。

臭椿原产于我国北部和中部地区，在西北和华北地区最为常见。臭椿中含有一种被称为“臭椿素”的活性成分，该成分对多种害虫具有杀虫作用。研究表明，臭椿素可以有效抑制光肩星天牛的幼虫和成虫的生长发育，尤其对幼虫的防治效果更为显著。臭椿素可以通过破坏光肩星天牛的消化系统和神经系统，干扰其正常的生物代谢过程，导致其死亡。此外，臭椿素还具有驱避作用，能够减少光肩星天牛对臭椿植株的食害行为。研究发现，强制光肩星天牛取食臭椿嫩枝叶后，成虫的死亡率可达80%以上。臭椿嫩枝叶的水浸提取物对光肩星天牛成虫的产卵、孵化有抑制作用，而其乙醚提取物对成虫取食、交尾、产卵等行为有很强的抑制作用（曹兵等，2004）。因此，利用臭椿提取物作为防治光肩星天牛的植物源杀虫剂具有一定的潜力，但需要进一步的研究来确定其最佳的使用剂量，以提高防治效果并减少对环境的影响。

小　结

目前国内针对光肩星天牛的生物防治措施主要以释放花绒寄甲为主，其他天敌为辅，部分地区也提倡和推广啄木鸟，当然利用啄木鸟有利也有弊。生物防治的效果评估是一大难题，这既与天敌产品的品质控制有关，也受林间应用时的不同生态条件影响。需要注意的是，生物防治一般不会达到100％的控制效果。

（钟秋梅，魏建荣）

基于引诱剂技术的光肩星天牛监测与控制

有害生物监测是开展植物病虫害预测、预报的基础，是现代有害生物综合治理（Integrated Pest Management，IPM）的重要一环。为了有效控制病虫害，国内外已利用光源、食物、引诱剂、颜色以及声音等手段设计出多种不同的诱捕器，从而实现对害虫的诱杀。诱捕器对害虫的管理可以起到较好效果，但对不同害虫的诱集效果有差异，也有可能对生物多样性造成影响，如用光源诱捕，强光可能造成诱捕效果明显下降，也可能诱杀一部分天敌昆虫。对诱捕器的优化一直在进行中，另外，还可以通过计算机技术对害虫进行识别与计数，从而高效地实现虫情预测与诱捕。

一、诱捕器在林业害虫上的应用

害虫诱捕器主要应用于诱捕防治和虫情监测两个方面。用于诱捕防治的诱捕器一般要求使用高效便捷、经济实惠，多以低成本的简易设备为主。目前所设计的新型诱捕器，通常将昆虫信息素、植物源挥发物以及害虫喜欢的颜色结合起来，根据靶标害虫特有的习性进行诱捕，在一定范围内最大限度地提高诱捕效果（王建斌等，2010）。另外，考虑到诱捕器安装、拆卸所要花费较大的人力、时间成本，同时诱捕器也需要较高的成本，笔者课题组也在研究将引诱性物质微胶囊化，即将引诱性物质包在微胶囊中，使之不仅可以像农药一样进行简单地喷施，还可以使引诱性物质缓慢而持续地释放。如果将适宜的生物农药一起喷施，只喷施到某个点或小面积上，就可达到精准诱杀害虫的目的，可以大大减少田间农药的使用量。

随着电子技术、物联网技术的发展，应用引诱剂监测或诱杀害虫的技术也日臻完善（孔祥波等，2006）。新型害虫诱捕器的自动化、信息化水平逐渐提高，对某类或某种害虫监测的灵敏度和准确性也有提高（吉原香等，

2012），不仅能对害虫未来发生危害趋势做出准确预测，还能为农林管理部门提供准确、及时的预报服务，促进了害虫防控技术的健康发展。

二、信息素在光肩星天牛引诱、监测和控制中的应用

Zhang 等人（2002）发现雄性光肩星天牛产生的信息素由 2 两种物质组成，即 4-（正庚氧基）-丁烷基-1-醇和 4-（正庚氧基）-1-丁醛，当两者按 1∶1 的比例存在时，对光肩星天牛两性成虫都具有一定的吸引作用。雌性接触性信息素包括（Z）-9-二十三烯，（Z）-9-二十五烯，（Z）-7-二十五烯，（Z）-9-二十七烯、（Z）-7-二十七烯，这些成分以 1∶2∶2∶8∶1 的比例混合，能够引起雄性的交配行为（Zhang et al.，2003）。Wickham 等人（2012）在光肩星天牛雌虫表皮中鉴定到庚醛、壬醛和十六醛三种醛类物质，在林间诱捕试验中，这三种物质对于光肩星天牛具有一定的诱捕效果。Nehme 等人（2009）通过 Y 型嗅觉仪试验发现雄性释放的信息素对雌虫的引诱作用大于雄虫。

关于寄主植物挥发物的研究已经相当广泛，研究表明这些挥发物在光肩星天牛对寄主的选择与定位中具有

重要作用（金幼菊等，2000；李继泉等，2003；阎雄飞等，2008；Yang et al.，2023）。在实验室的触角电位生测试验和Y型嗅觉仪试验中，很多种寄主植物挥发物都对光肩星天牛的雌雄成虫有较强的引诱性，如乙酸叶醇酯、丙酸叶醇酯、顺-3-己烯醇、乙酸己酯、2-乙基-1-癸醇等（Li et al.，1999；李建光等，2002；Li et al.，2003；朱宁等，2017；马晓乾等，2022）。而挥发物莰烯、(*R*)-(+)-α-蒎烯、(*S*)-(-)-β-蒎烯、柠檬烯、罗勒烯、顺-3-烯-1-醇、月桂烯、水芹烯、3-蒈烯等都对光肩星天牛两性成虫具有触角电位活性。使用Y型嗅觉仪行为生测表明，(*S*)-(-)-β-蒎烯、乙酸乙酯、(*R*)-(+)-α-蒎烯、水芹烯等4种挥发物对成虫具有明显的引诱作用，雌虫对(*S*)-(-)-α-蒎烯、雄虫对莰烯也有明显趋向行为反应（范丽清等，2012；2013）。另外，也有研究发现(*R*)-α-蒎烯，2，4-二甲基-庚烷、4-甲基-癸烷等化学物质可能参与了光肩星天牛的种内交流（Makarow et al.，2019）。此外，从寄主植物中分离出来的(3*E*，6*E*)-α-法尼烯、α-长叶蒎烯对成虫也具有引诱性（Crook et al.，2014；Xu et al.，2020，2021）。我们课题组发现光肩星天牛成虫对顺-3-己烯醇酯（*Z*）-3-Hexen-1-ol acetate、顺-3-己烯-1-醇（*Z*）-3-Hexen-1-ol均有强的趋向性，甚至这两种物质可吸引雌虫在非寄主毛白杨上产卵（Yang et al.，2023；邵鹏鹏等，2023）。田间诱捕试验发现，1-戊醇和2-戊醇对光肩星天牛成虫具有较强的引诱作用，但其最佳释放率尚未见报道。在天牛成虫的发生期，理想的诱芯释放量应当相对稳定，并且能够在较长时间内保持有效性。

有研究认为植物挥发物对雄虫的引诱作用较雌虫更强（Nehme et al.，2009）。进一步的研究发现，芳樟醇＋雄性信息素、顺-3-己烯醇＋雄性信息素诱到的雄成虫数量明显比单独雄性信息素诱到的多（Nehme et al.，2010）。另外，信息素和植物源引诱物质的挥发速率和配比对光肩星天牛的诱捕效果具有显著的影响（Meng et al.，2014）。

近年的研究表明，光肩星天牛和星天牛（*Anoplophora chinensis*）经常混合发生，可能共同享有部分聚集信息素。以聚集信息素混合不同比例的顺-3-己烯醇和β-石竹烯作为诱芯可应用于光肩星天牛和星天牛的林间监测诱捕（余汉鋆等，2017；朱宁等，2017；Marchioro et al.，2022）。

小 结

国内外对于光肩星天牛引诱剂的研发已有20多年的历史，如果上溯到引诱性树种，则更早在20世纪七八十年代就已有报道。由于光肩星天牛在我国的发生范围较广，虫体大且易于辨认，因此引诱剂在监测其发生区域、发生期甚至发生量方面并未显示出多大的实用性。尤其在广袤的西北地区，应用诱捕器监测或诱捕防护林网中发生的光肩星天牛成虫从成本上来说不太现实。另外，现有的引诱剂和诱捕器能够诱捕到的光肩星天牛成虫数量远低于实际发生的虫口数量。在公园或小区，或可采用诱捕器诱杀一部分天牛成虫。在光肩星天牛未侵入的地区，可以采用诱捕器监测是否有侵入现象。

（邵鹏鹏，魏建荣）

化学防治在光肩星天牛防治中的应用

化学防治即使用化学药剂防治病虫、杂草的危害，在病虫害综合防治中占有重要地位。化学防治的优势在于短时间内可控制病虫草害的种群密度或蔓延速度。用于化学防治的农药发展经历了五个重要阶段：第一代农药来源于无机化合物及天然植物性土农药，例如：砷制剂、铜制剂、鱼藤酮等。第二代农药是广谱、杀生性杀虫剂，例如有机磷、氨基甲酸酯、拟除虫菊酯、有机氯类杀虫剂等。第二代农药是目前森林害虫防治中使用较多的一类农药。第三代农药是对昆虫的生长发育起调节作用，可干扰昆虫正常的生理功能，致使昆虫不能进行正常的生长发育，进而使昆虫的个体死亡。第三代农药作用速度明显低于第二代农药，又称为昆虫生长调节剂，包括保幼激素类似物、几丁质合成抑制剂（如除虫脲、灭幼脲、氟虫脲、杀铃脲、噻嗪酮、灭蝇胺等）、蜕皮激素类似物（抑食肼和虫酰肼，还有活性更高、选择性更好、安全性更大的氯虫酰肼、甲氧虫酰肼、环虫酰肼、呋喃虫酰肼等类型）。第四代农药是对昆虫的行为活动起作用，又称为昆虫行为调节剂，主要包括信息素类和拒食剂等。第五代农药是对昆虫的脑激素起作用，其作用不是杀死而是防御侵袭者，又称为昆虫的“心理控制剂”，主要包括一些新型的天然产物、植物次生物质和微生物发酵产物等（吕云彤等，2018）。目前，基于 RNA 干扰的制剂也在积极研究过程中，相信不久将广泛应用于病虫害防治，本书在此不作详细阐述。虽然化学防治具有收效迅速，方法简便，不受地域性和季节性限制等优点，但是长期使用也会导致一些防治目标产生抗药性，从而降低防治效果，而且可能还会污染生态环境，甚至危及人畜安全等副作用。所以在综合防治过程中，应将化学防治作为辅助控制手段用于控制目标种群的暴发性增长。

在治理光肩星天牛过程中，可采用的化学防治方法主要包括土壤施药、注干防治、喷药防治、药物熏蒸、涂药环、树干涂白等。现针对光肩星天牛不同虫期的化学防治作如下简要介绍。

一、幼虫期防治

（一）土壤施药

由于易造成环境污染，因此本书并不推荐土壤施药。不过，在某些特殊条件下，如为了某棵特别受保护的树木，在可控的条件下，也可临时采用该类方法。

第一，常用药剂：呋喃丹颗粒、吡虫啉·杀虫单颗粒剂、辛硫磷。

呋喃丹：它是一种广谱、高效、低残留、高毒性的氨基甲酸酯类杀虫、杀螨、杀线虫剂。具有内吸、触杀、胃毒作用，并有一定的杀卵作用。它持效期较长，一般在土壤中半衰期为 30～60 天。按中国农药毒性分级标准，呋喃丹属高毒农药，不能用在蔬菜和果树上。

吡虫啉·杀虫单：吡虫啉是一种硝基亚甲基类内吸杀虫剂，属氯化烟酰类杀虫剂，又称为新烟碱类杀虫剂，是新一代氯代尼古丁杀虫剂，具有广谱、高效、低毒、低残留的优点，害虫不易对其产生抗性，它有触杀、胃毒和内吸多重药效。害虫接触药剂后，中枢神经正常传导受阻，进而麻痹死亡。该产品速效性好，施药后 1 天即有较高的防效，残留期长达 25 天。此外，吡虫啉的药效与温度呈正相关，温度高，杀虫效果好。杀虫单是人工合成的沙蚕毒素的类似物，它进入昆虫体内迅速转化为沙蚕毒素或二氢沙蚕毒素。该药为乙酰胆碱竞争性抑制剂，具有较强的触杀、胃毒和内吸传导作用，属仿生型农药，对天敌影响小，无抗性，无残毒，不污染环境，是综合治理虫害较理想的药剂。

辛硫磷：它是一种有机磷杀虫剂，以触杀和胃毒作用为主，无内吸作用。它杀虫谱广，击倒力强。其在田间因对光敏感，易分解，所以残留期短，残留危险小，但该药在土中的残留期很长。

第二，防治原理：将药剂施在树木根际部位，通过树木根部吸收，可杀死部分幼虫和蛹，达到降低其种群密度的目的。

第三，操作方式：根埋。在树下埋施长效的呋喃丹颗粒或吡虫啉·杀虫单颗粒剂，春、夏、秋各施药一次。

在距主干 1 m 范围内挖坑进行根埋，根埋深度≥20 cm。根埋时要距树基远点靠近根尖区域，以利药效发挥。施药后覆土，浇水 2～3 次。

适时灌根。可用辛硫磷 500 倍液或 45％的辛硫磷乳油 300 倍液，浇灌于树根土壤中，灌根时先在根部 1 m^2 范围内挖坑、松土，然后均匀等量施药之后覆土，药效可持续 2 个月左右，并且还能将其他害虫如早春的蚜虫一并防治。

（赵桂花，2009；高瑞桐等，2009；Haack et al，2010；王永军，2015；冯建忠等，2018；刘兴春和刘桂萍，2021）

（二）注干防治

第一，常用药剂：噻虫啉·甲维盐、10％甲维·吡虫啉悬浮液、40％氧化乐果乳油、煤油与 2.5％溴氰菊酯乳油混合液、50％杀螟松乳油（100～200 倍液）等。

噻虫啉·甲维盐：噻虫啉的作用机理与其他传统杀虫剂有所不同，它主要作用于昆虫神经接合后膜，通过与乙酰胆碱受体结合，干扰昆虫神经系统正常传导，引起神经通道的阻塞，造成乙酰胆碱的大量积累，从而使昆虫异常兴奋，全身痉挛、麻痹而死。它具有较强的内吸、触杀和胃毒作用，与常规杀虫剂如拟除虫菊酯类、有机磷类和氨基甲酸酯类没有交互抗性，因而可用于抗性治理。甲维盐是从发酵产品阿维菌素 B1 开始合成的一种新型高效半合成抗生素杀虫剂，具有超高效、低毒、低残留、无公害等生物农药的特点，既有胃毒作用又兼触杀作用，在非常低的剂量下具有很好的防治效果，而且在防治害虫的过程中对益虫少有伤害，有利于对害虫的综合防治。两者复配使用扩大了杀虫谱，降低了对人畜的毒性。

甲维·吡虫啉：由吡虫啉和甲氨基阿维菌素苯甲酸盐科学复配而成，具有广谱、高效、低毒、低残留，害虫不易产生抗性，对人、畜、植物和天敌安全等特点，兼有触杀、胃毒和内吸等多重作用。害虫接触药剂后，中枢神经正常传导受阻，进而麻痹死亡。药液注射入树体后，在树体蒸腾拉力作用下，在树体内传导，从而使位于树体内的害虫在 4～48 小时内中毒死亡，有效期大于 60 天。

氧化乐果：乐果是一种常见的有机磷农药，是高效广谱具有触杀性和内吸性的杀虫杀螨剂。氧化乐果是根据乐果在生物体内经氧化代谢而形成的一种毒力和毒性都比乐果大的化合物的原理而合成的有机磷杀虫剂，有很强的触杀作用和内吸杀虫作用，可以被植株的茎、叶吸收进体内并输导至全株，从而使害虫中毒死亡。

溴氰菊酯：它是菊酯类杀虫剂中对昆虫毒力最高的一种，具有触杀和胃毒作用。其触杀作用迅速，击倒力强，没有熏蒸和内吸作用。在高浓度下对一些害虫有驱避作用。持效期长（7～12 天），可配制成乳油或可湿性粉剂使用。

杀螟松：属有机磷广谱性杀虫剂，具有强烈的触杀作用和良好的胃毒作用，无内吸和熏蒸作用，但在植物体内有渗透作用。

第二，防治原理：注入或输入的药物，一般通过木质部导管向上传输到树冠和叶片，再经过韧皮部的筛管向下传输到根部，如此循环后，药剂会遍布树体的大部分。由于受树木种类、树高、直径、树枝分杈、施药时期等的影响，药剂在树体内的分布并不均衡，即使注入的是原药，到达树体某些部位时的浓度也会很低，因此天牛幼虫会被杀死一部分而不可能全部死亡。

第三，操作方式：在害虫危害较严重且有明显蛀孔时，可直接用注射器将杀虫剂稀释液注入孔内并用黄泥封口；在害虫危害较轻、树干表面无蛀孔时，可改用钻头在树干基部斜向下钻孔后注药，尽可能使孔位对准树冠上大主枝，孔深和孔径依树粗度而定。用专用打孔机伤口容易愈合。清理掉碎屑后用注射器将药液缓缓注入，也可使用输液管和输液袋进行输药，施药量视虫害情况及受害树木大小调整 1 ml～5 ml，施药之后用黄泥封住注入口。注药时期最好避开生物防治开展的时间，如 5 月份是释放天敌花绒寄甲的时间，因此最好避开 4～6 月。而以 7～9 月较为合适，因为这段时间天牛幼虫大多处于小幼虫期，抗药性较差，钻入木质部也不深。在未开展生物防治的区域，可在春季树液涌动时进行打孔注药。时间以晴天上午用药为好，注射后 3 到 4 天幼虫开始死亡。大树可在树干四周呈螺旋上升钻 3 至 5 个孔，中等直径树木可钻 2 或 3 个，小树可钻 1 个，一般深 1 cm～8 cm。

（茹桃勤等，1992；陶波尔等，1997；孙新杰等，

2000；Poland et al，2006；唐光辉等，2007；高瑞桐等，2009；Hu et al，2009；赵桂花，2009；Haack et al，2010；孟祥志，2011；王永军，2015；王嘉冰等，2017；冯建忠等，2018；吕云彤等，2018；桑巴叶等，2019；徐云和等，2020；刘兴春和刘桂萍，2021；李秀华，2021）

（三）喷雾防治

第一，常用药剂：50％杀螟松乳油 200～300 倍液、45％辛硫磷乳油 200～300 倍液、40％乐果乳油 200～400 倍液、秀剑（2％噻虫啉微悬剂）200 倍液、40％噻虫啉 1000～1500 倍液等。

乐果：它在酸性溶液中较稳定，在碱性溶液中迅速水解，故不能与碱性农药混用。它是高效广谱具有触杀性和内吸性的杀虫剂，主要剂型为 40％乳油，也有超低量油剂和可溶性粉剂。该药能潜入植物体内保持药效一星期左右，乐果在植物体内外和昆虫体内均可被迅速氧化成氧化乐果而增加毒效。

第二，防治原理：可以用来防治天牛卵和初孵化的小幼虫，因卵和小幼虫位于树木的皮层下，当幼虫啃食或接触到药剂后会死亡。

第三，操作方式：用配比好的药剂喷洒树干，喷施药剂时重点喷施虫洞附近，且喷洒密度要有一定的集中性，以喷湿树皮为标准或喷至树干药液开始流下后为止，7～10天后用药物再行喷涂效果更佳。集中喷药时间为8月、9月幼虫期。

（孙新杰等，2000；孟祥志，2011；王永军，2015；徐云和等，2020；刘兴春和刘桂萍，2021）

（四）药物熏蒸

第一，常用药剂：磷化铝等熏蒸类药物。

磷化铝：作为一种广谱性熏蒸杀虫剂，吸水后会立即产生高毒的磷化氢气体，通过昆虫的呼吸系统进入体内，作用于细胞线粒体的呼吸链和细胞色素氧化酶，抑制其正常呼吸而致死。昆虫在高浓度的磷化氢中会产生麻痹或保护性昏迷，呼吸降低，但在无氧情况下磷化氢不易被昆虫吸入，也不表现毒性。该药物可穿透到植物体内杀死钻蛀性害虫。

第二，防治原理：利用药物的挥发性和熏蒸作用，通过光肩星天牛在树干上留下的侵入孔或排粪孔给药，使害虫吸入有害气体，从而达到杀虫的目的。

第三，操作方式：对于较大的孔洞，采用药剂浸泡棉球，再用浸泡过的毒棉球堵塞被天牛危害留下的孔洞或将浸泡过的毒签插入孔洞里，每孔塞入 1～3 个。用药后对虫孔进行封堵，可毒杀树干内光肩星天牛幼虫（幼龄树木效果较好）。以刚发现树体有天牛新虫粪时施药为佳（即幼虫刚开始侵入木质部危害时），对幼虫有明显防治作用。对于较小孔洞，采取塞药片、插毒签或挤毒泥的方法处理，即将磷化铝片直接塞入孔洞中，然后用泥巴封口；或将棉签与磷化铝粉黏合后，插入孔洞中；或将制成的磷化铝毒泥挤入孔洞中，可达到防治光肩星天牛的效果。

（孙新杰等，2000；Hu et al.，2009；Haack et al.，2010；冯建忠等，2018；刘兴春和刘桂萍，2021）

（五）涂药环

常用药剂：辛硫磷、氯氰菊酯等。

氯氰菊酯：它是一种广谱杀虫剂，属于拟除虫菊酯类，具有广谱、高效、快速、高活性、低残留的特点。对于昆虫是一种速效神经毒素，对害虫以触杀和胃毒为主。

由于文献中介绍的该类方法操作较为繁琐，易对树体造成较大的破坏，且防治效果欠佳，故在此不作介绍。

二、成虫期防治

（一）喷药防治

第一，常用药剂：敌敌畏、马拉硫磷、阿维菌素、5%高效氯氰菊酯乳油 1000～1500 倍液、50%辛硫磷 800 倍液、50%杀螟松乳油 100 倍液、50%西维因乳油 100 倍液、2.5%溴氰菊酯乳油 100 倍液、200～300 倍液绿雷二代（8%氯氰菊酯微囊剂）、40%噻虫啉 1500～2000 倍液、40%氧化乐果、啶虫脒等。

马拉硫磷：又名马拉松，是一种高效低毒杀虫、杀螨剂，防治范围广。

阿维菌素：一种抗生素类杀虫、杀螨、杀线虫剂，属昆虫神经毒剂，具有广谱、高效、低残留及对人、畜、环境安全等特点。阿维菌素是从土壤微生物中分离的天然产物，对昆虫和螨类具有触杀和胃毒作用，并有微弱的熏蒸作用，无内吸作用。但其对叶片有很强的渗透作用，可杀死表皮下的害虫，残效期长，但不杀卵。

西维因：又名甲萘威，是一种高效、低毒、低残留、长残效的广谱性氨基甲酸酯类杀虫剂，具有触杀、胃毒作用，并有轻微的内吸作用。主要用于防治棉铃虫、卷叶虫、棉蚜、造桥虫、蓟马、稻叶蝉、稻纵卷叶螟、稻苞虫、稻蓟马及果树害虫，也可防治菜园蜗牛、蛞蝓等软体动物。

绿色威雷：它是触破式微胶囊（主要成分：8%氯氰菊酯），能在天牛踩触时立即破裂，释放出的原药会黏附于天牛足部并进入其体内，从而达到杀死天牛的目的。施用后未被踩破的胶囊完好保存下来，避免了农药重复使用造成的浪费，对天敌、环境影响小；药效迅速，持效期 52 天左右；微毒，对人畜安全，在环境中残留低。

啶虫脒：属氯化烟碱类化合物，是一种新型杀虫剂，具有胃毒、触杀和较强的渗透作用，杀虫快，残效期长，且具有一定杀螨活性，对害虫有一定的驱避拒食作用，但无内吸及熏蒸作用。它通过作用于昆虫神经系统突触部位的烟碱乙酰胆碱受体，来干扰昆虫神经系统的刺激传导，引起其神经系统通路阻塞，造成神经递质乙酰胆碱在突触部位的积累，从而导致昆虫麻痹，最终死亡。

第二，防治原理：在成虫羽化出孔盛期，大量啃食枝干期间喷施药剂。成虫在取食或者移动过程中，接触到药剂或食入药剂，会造成触杀或胃毒效果，进而对成虫造成毒杀，达到防治目的。使用灭幼脲类制剂时，会对光肩星天牛成虫造成明显的不育作用，在成虫补充营养期使用 200 ppm 苏脲 1 号可大幅减少产卵量，卵孵化率显著下降，即使孵化出幼虫也会因药物影响而难以存活，最终导致幼虫全部死亡。

第三，操作方式：在成虫羽化盛期及产卵盛期，即 6 月下旬到 8 月下旬期间，将配制好的化学药剂，利用喷药设备喷施至树冠、树干及侧枝等部位，连续喷施 2～3 次，至树皮完全浸湿为止，间隔 20～30 天再防治一次（具体时间根据虫情和天气因素确定）。

（茹桃勤等，1992；高瑞桐等，2004；Hu et al.，2009；赵桂花，2009；杨元清等，2009；徐茂华等，2009；Haack et al.，2010；孟祥志，2011；王永军，2015；王洁等，2015；吴永良，2018；吕云彤等，2018；桑巴叶等，2019；李秀华，2021）

（二）树干涂白

第一，常用药剂：生石灰（10份）＋硫黄（1份）＋水（40份）＋食盐（0.2份）＋敌百虫（0.2份）＋热融化的牛胶（0.2份）。

第二，防治原理：对于幼树，光肩星天牛的产卵部位偏向树体的中下部，因此可在树体的中下部进行树干涂白。一般成虫在这些涂白的树干上刻槽产卵较少。另外，涂白兼防冻害、日灼等伤害。

第三，操作方式：在成虫产卵前期，使用调制好的药剂涂白树干。隔离带行道树统一涂白高度为1.2 m～1.5 m，同一路段、区域的涂白高度应保持一致。涂液时要干稀适当，对树皮缝隙、树杈等处要重复涂刷。涂白次数按需而定，如果兼防冻害，则每年可涂3次，即秋末、早春、暑期各1次。

（孙新杰等，2000；赵桂花，2009；王永军，2015；刘兴春和刘桂萍，2021）

小 结

针对光肩星天牛的成虫期和幼虫期分别有相应的化学防治措施可供选择。目前在成虫期主要采用绿色威雷一类的药剂进行喷雾防治，建议施药时进行精准施药，防止药液浪费和造成污染。幼虫期主要采用打孔注药的方式进行防治，药剂采用内吸性较强的生物源农药，注意防止药害的发生。

（毛盾，魏建荣）

营林技术控制光肩星天牛

营林技术不仅可以促进林木速生丰产，而且是防治林木害虫的有效方法之一。通过营林技术措施能改变害虫发育繁殖的条件，抑制其发生；可以改变林间昆虫和其他生物的种类及组成，使其天敌增多，降低害虫种群密度；可以提高林木防御能力，减轻病虫危害。它是“防重于治”的重要手段，是林木害虫综合防治工作中必不可少的内容。

20 世纪 70 年代，我国启动了“三北”防护林工程项目，为改善本地区的生态与社会环境作出了重大贡献。其中杨树是三北地区营造人工林的主要树种之一，截至 2015 年，我国人工杨树林面积已超 1 亿亩，居世界之首。然而，由于大规模种植的人工杨树林品种单一，病虫害的发生越来越严重，降低了杨树的产量和品质，甚至造成大面积死亡，使生态效益和经济效益受到了严重的影响，威胁“三北”防护林建设成果。其中，光肩星天牛的持续危害是造成“三北”防护林退化、受灾的罪魁祸首，因此控制光肩星天牛的危害成为“三北”地区尤其是西北地区林业工作者的重大挑战。近年来，我国运用营林技术控制病虫灾害的技术日渐成熟，目前针对光肩星天牛防控工作的营林技术主要有以下几个方面。

一、抗性树种筛选和选育

选择培育优良的抗虫树种，是从寄主植物层面抑制光肩星天牛。首先要重视苗种的筛选工作，严格根据质量标准培养。杨树是西北地区防护林的主栽树种，到目前为止还没有可替代其地位的其他树种。杨树的种类、品系众多，对光肩星天牛表现出不同的抗性，即使是同一品系的杨树，在不同的生态条件下表现出的抗性也可能不同。比如，李会平等人（2003）通过抗虫性、生长状态和材质性能等多因素进行综合评价，优选出 2 个抗虫速生的新品种杨树，分别为“冀秦 1 号杨”和“冀秦 2 号杨”。初期认为这 2 个品种表现出的抗虫性较强，但在后续王志刚等人（2009）提出的各树种对光肩星天牛抗性序列中已将这两个品种杨树归为感虫树种。

国内从20世纪80年代初即已对不同杨树的抗光肩星天牛特性开展了研究（周嘉熹等，1981b；张克斌和周嘉熹，1984；秦锡祥等，1985；汪永俊等，1985）。从已发表的相关文献看，杨属的五大派中，普遍认为青杨派、黑杨派和胡杨派对光肩星天牛敏感，只有白杨派比较抗虫。其中毛白杨在各项研究中广泛被认定为抗性树种；银白杨在敦煌也显示出较强的抗性；河北杨具有一定的抗性但树高不够；新疆杨是目前西北地区的主栽杨树种类，在有其他敏感树种存在时，受害较轻。除上述杨树种类外，赵英铭等人（2012）选用18个速生杨无性系在河套平原的磴口县光肩星天牛疫区进行试验，筛选出北抗16-8、北抗16-17、北抗16-18、北抗16-22、北抗16-27和银中杨在内的6个抗性树种，其中参试的18个无性系中以北抗16-8综合表现最优，即沙林杨（*Populus deltoids* 'shalinyang'）。目前，沙林杨已进入推广阶段，但其树高不及新疆杨。在实际生产过程中，要结合立地条件，对优良抗性树种进行选育和栽种试验。由于随着时间推移病虫害会对抗性植株产生一定的适应性，因此抗性育种、抗性筛选工作是一项长期的任务。目前我国针对光肩星天牛选育杨树新型抗性品种的工作一直在持续进行。

二、多树种配置混交林

人工林中，由单一品种树木造林形成纯林，而由两种及以上的品种造林称为混交林。由于混交林中树木的种类较多，因此混交林中的生态环境较为复杂，这样就提高了林分内的物种丰富度，从而提高了林分的自调节能力。相对于纯林，混交林内光肩星天牛发生危害的程度相对较低。

为了控制光肩星天牛的危害，国内从20世纪80年代末即开始研究混交林组成对光肩星天牛发生的影响，对光肩星天牛成虫在混交林中选择寄主的行为以及混交林树种结构配置等方面进行了研究（张恩光等，1995；王福贵等，2000；骆有庆等，2002）。其中，以北京林业大学为主的研究团队在宁夏开展了试验并形成了一套适应当地的多树种配置的营林技术：在多树种配置中应用了臭椿、白蜡和刺槐等非寄主树种，河北杨和新疆杨等抗性树种，以及合作杨、箭杆杨和复叶槭等诱饵树（嗜食树种），基本配置模式可归纳为，非寄主树种：抗性树种：诱饵树为45%～50%：45%～50%：0～10%（一般是5%～10%），并及时杀灭诱饵树所诱集的天牛成虫，使得光肩星天牛在宁夏得到了一定的控制；甘肃酒泉市肃州区则以新疆杨、河北杨等主栽树种与二白杨、箭杆杨等诱饵树按行间或株间6：1或7：1进行混交，杨树与其他树种的混交林则以主栽树种（抗天牛树种）、非寄主树种与诱饵树种按10：9：1混交，诱饵树诱集天牛后及时伐除（马寿鹏等，2022）；甘肃张掖市甘州区以抗虫树种新疆杨、臭椿等为主，配置一定比例诱饵树种二白杨，比例为7：2：1，采取株间、行间混交的方式栽植（赵程辉，2021）。

上述混交林的配置以及时清除诱饵树上的光肩星天牛为前提，如果清除不及时，反而易形成虫源木对外扩散。另外，上述选择的部分树种由于树高有限、树冠较大，并不太适合作为农田防护林的配置树种，因此很有必要筛选适合农田防护林的新型配置树种。由于树高和生长速度等优势，从杨树的优秀种质资源中培育、筛选

图 9　新疆杨与二白杨受害状况（魏可　摄）

抗性品种仍是解决当前西北地区防护林树种缺乏的主要方向。

三、定期清理虫害木

林业管理人员应定期对危害较重、虫口密度大、有虫株率高的枯死木、虫源木和药械到达困难的林地，进行人工砍伐或截干处理。清理虫害木必须做到彻底干净、不留隐患，砍伐后的虫害木要在专业人员指导下，集中进行无害化处理，严禁居（村）民将其存放在家中作薪材或拉运到异地。同时，还需加强对林木的检疫工作，以防止虫害的扩散。目前，在内蒙古巴彦淖尔市，通过设置隔离带、清理虫害木、利用天敌防治等措施，3 年内共清理天牛虫害木近300万株，没有因人为因素造成的光肩星天牛扩散，示范区平均虫口减退率达90%以上。在青海省湟中县，对初期发生的光肩星天牛进行了彻底防治，发现一株便清除一株，已连续4年基本无天牛危害。

虫害木的截干处理在部分地区被视为一种控制光肩星天牛的技术。一般截干时间为11月至翌年4月，截干高度2 m以上。为了确保截干后的树木能够恢复健康，需做好以下抚育管护工作：在截面涂抹人工树皮拂蓝克或喜嘉旺等涂料；当顶部新枝萌发生长达70 cm以上时，对萌发枝进行疏除去芽，过密枝条和主干上的其他萌生侧枝一律剪除；在树木开始生长前，一般在4月中旬，对已截干的杨树要浇一次透水，促进萌发新枝。之后平均每月或一月半浇水1次，保证树体生长的水分供应。在新枝抽发、生长后即5月下旬或6月上旬随浇水施肥一次，每株施尿素200 g左右，以促进其生长。这样可以使被截干的林木1～2年内恢复。该方法使用的前提是天牛主要在上部危害且有虫株率不高，目前采用此种防治方法的主要对象是位于城区的柳树。由于管护成本较高且对大多数杨树并不适合，笔者不推荐采用该种方法控制光肩星天牛。

四、设置人工隔离带

虫害的传播离不开寄主植物。为防止光肩星天牛通过自身飞行或爬行进行扩散，在实际营林过程中，可通过栽植非寄主树种或抗性树种设置一定距离的隔离带，将虫害的传播控制在一定范围内。例如在河南省，通过在杨树林的边行栽植 2 行苦楝作为隔离带，起到了切断光肩星天牛成虫侵入途径，减少了侵入数量，使 3 年生杨树林的有虫株率降低了 53.1%～74.6%，每株平均虫口密度减少了 71%～91.1%（孙金钟等，1990）。

沙枣是我国西北地区防风固沙和水土保持的主要树种，实验研究表明，沙枣枝叶能很好地为光肩星天牛提供必需的营养物质并具有较强的引诱性，但天牛后代不能在沙枣活立木上存活，因此可以利用其引诱特性以栽植片林的形式阻隔光肩星天牛的跨区域传播（邵鹏鹏等，2023）。此外，沙枣树具有一定的经济效益，在干旱半干旱地区营造片林不仅可阻隔天牛的传播，而且可能会给当地农牧民带来一定的收益。不过，由于沙枣枝叶是光肩星天牛成虫的优质补充营养寄主，如果成虫补充营养后转移到附近的杨树上产卵，有可能对邻近的杨树造成较大的威胁。

五、快速更新受害林分

通过伐根嫁接、萌芽更新、高干截头等措施，可以对受害林分进行快速更新。有研究表明，伐根嫁接是治理天牛、更新复壮林木的有效方法之一。研究已从贮条、采伐、嫁接时间、接穗处理、覆土、覆膜等具体技术方面，总结出一套适合当地的操作规程，提高了防护林的经营效率（石慧，2012）。不过，由于伐根嫁接的成本较高，并不适合在“三北”地区大规模推广，而且由于生态条件差异极大，抗光肩星天牛的毛白杨在西北地区长势不好。截顶处理措施则主要适用于具有超强萌芽能力的柳树。因此，各地应因地制宜，研究适合本地生态、社会、经济条件的退化林更新模式，同时要考虑更新后的林分是否具备相应的生态功能。对于西北地区农田防护林，还需考虑所植树种是否与农作物和谐共存，是否适合机械化农耕作业。

六、抚育间伐

抚育间伐，在人工林幼林成熟前将一部分生长较差的林木采伐掉，为留下来的树木提供更好的生存空间，提高林木免疫力，同时有利于扩大树木个体之间的距离，为鸟类等天敌栖息和繁衍创造条件。在光肩星天牛发生的早期可采用该种方法，间伐下来的树木要及时清除销毁。

小　结

近 40 年来，光肩星天牛在我国的危害始终维持较高水平，成为仅次于松材线虫的高度危险性林业有害生物。前人为了防止光肩星天牛的危害与进一步扩散，研发应用了多种防治技术手段。但在防治实践中，单一技术的使用很难取得成功，或只是暂时的成功。通过营造混交林或者选育高抗树种虽然能够有效降低害虫种群数量，但抗性育种所需时间较长。近年来，选育抗虫杨树品种控制光肩星天牛已取得一定效果。由于许多抗性树种在生长速度、树高、树形、抗寒、抗旱、抗盐碱等方面存在或多或少的劣势，因此对各地区来说并不存在单一的抗性树种解决方案。结合西北地区实际情况来说，除比较抗虫的新疆杨外，其余大多数树种并不适合在农田防护林中大规模引种栽植。其次，2000 年左右北京林业大学提出的多树种配置营林技术虽能在一定程度上控制光肩星天牛，但其核心技术所依赖的诱饵树并不能自主灭杀天牛，并且随着近年来劳务成本增加，使得及时、有效地管理诱饵树变得愈发困难。未及时有效地处理诱饵树反而易转变为虫源木，在这种情况下的抗性树种若栽植年限过长，树势衰弱，反而会逐渐地失去抗性能力，最终导致光肩星天牛再发生、再猖獗的可能性进一步加大。因此，筛选多样化的、具有不同抗虫机制的抗虫杨树品种以及构建新型抗虫混交林分仍然是西北地区防护林研究人员所面临的重大挑战。

（孙荟荃，魏建荣）

分子生物学在光肩星天牛防控技术研发方面的进展和应用前景

分子生物学是指从分子水平研究生物大分子的结构与功能，从而阐明生命现象本质的科学。分子生物学技术是指利用分子生物学的原理和方法，对生物体的分子组成和功能进行研究和操作的技术。分子生物学技术的发展经历了几个阶段，从最初的分子水平的基因结构和功能的研究，到后来的基因编辑和基因工程的实现，再到现在的基因组学、转录组学、蛋白质组学等高通量测序技术的全面分析。随着技术的不断发展及关键技术的更新迭代，越来越多的分子生物学技术被应用到光肩星天牛的研究与防治当中。下文将详细介绍分子生物学技术在光肩星天牛的检疫和防治应用中取得的进展。

一、分子生物学技术在光肩星天牛检疫中的应用

光肩星天牛是世界上最受关注的林木检疫害虫之一（Hoover et al.，2014）。为了防止光肩星天牛的传播和危害，需要对其执行有效的检疫措施，目的是能够及时发现和消灭光肩星天牛的卵、幼虫和成虫。因此，需要对可能携带害虫的木材、木制品和包装材料进行检疫。检疫的方法包括对进出境货物进行检查、采样和鉴定，以及对疫区内的树木进行调查、监测和处理。通过检疫，可以有效地减少光肩星天牛的跨区域扩散风险，保护各国、各地区的林业资源和生态安全。目前，分子生物学技术在光肩星天牛检疫中的应用主要是聚合酶链式反应（Polymerase Chain Reaction，PCR）和蛋白质指纹图谱分析，这两项技术主要针对难以进行形态鉴定的光肩星天牛幼虫。

（一）DNA 指纹图谱分析

PCR 技术是在 20 世纪 80 年代中期发展起来的一种体外核酸扩增技术，其反应过程由变性—退火—延伸三个基本步骤构成，反应的特异性主要依赖与靶序列两端互补的寡核苷酸引物。其优点主要体现在特异性高、敏

感性强、产率高、快速、简便、重复性好、易自动化等方面，能让研究者在较短时间内，以较少的样本量，使目的序列扩增至数万倍甚至百万倍。

基于 PCR 技术的优势，可以通过对光肩星天牛线粒体 DNA（mtDNA）进行分析，获取其 mtDNA 的特点，区分出光肩星天牛和其他近缘天牛种类（安榆林等，2006）。也可通过分析光肩星天牛的线粒体 DNA 细胞色素 c 氧化酶亚基 I 基因（*COI*）的序列信息，设计一对特异性引物，能够快速、准确地区分光肩星天牛和其他近缘天牛种类（邬颖等，2014）。随着技术的发展，还可以将随机扩增多态性 DNA（RAPD）和核糖体 DNA 内转录间隔区 I（*ITS*-1）两种分子标记技术结合，筛选出能将光肩星天牛和其他天牛快速区分的 RAPD 引物，并通过 *ITS*-1 序列分别设计特异性引物，能更快捷、准确和便利的鉴别光肩星天牛（覃海文等，2019）。

（二）蛋白质指纹图谱分析

蛋白质指纹图谱分析是一种用于鉴定和区分蛋白质的技术，它可以将蛋白质样品进行分离和检测，获得一个独特的蛋白质指纹图谱，用于蛋白质鉴定和分类。其原理是利用不同的分离和检测技术，将蛋白质样品中的各种蛋白质或肽段按照一定的特征进行分离和识别，从而生成一个反映蛋白质组成和相对丰度的图谱，用于蛋白质鉴定和分类。不同的技术可以产生不同类型的蛋白质指纹图谱，常见的技术包括 SDS-PAGE 凝胶指纹图谱、质谱指纹图谱和免疫印迹指纹图谱等。

目前，已有将光肩星天牛血淋巴蛋白作为靶标，经过 SDS-PAGE 电泳分离，得到不同大小的蛋白条带，形成独特的指纹图谱，以此来确定物种种类。并且，通过结合一种先进的模式匹配系统（数字自动识别系统 DAISY），可以将在形态上几乎相同的昆虫幼虫分类到物种水平，准确率超过 98%（O'Neill et al.，2018）。

二、分子生物学技术在光肩星天牛防治中的应用

（一）转基因抗虫杨的培育

转基因技术是指利用现代生物技术手段，将特定的外源基因转移到受体生物中，使其产生可预期的、定向的遗传改变。转基因技术与传统育种技术的不同之处在于，转基因技术可以打破不同物种间的杂交屏障，扩大可利用基因的范围，而且可以精确地对某个基因进行操

作和选择。广义的生物防治概念包括利用转基因技术控制害虫的发生。

近些年，对光肩星天牛寄主树种的转基因研究已取得一些进展。杨树因其基因组规模较小，离体培养容易，很适合作为转基因林木的模式物种（任敏霞等，2021）。在我国，已经培育出至少 22 个转 Bt 抗虫基因杨树品系，其中部分品系已经进入田间试验和商业化种植阶段，并且显示出显著的抗虫效果（Wang et al.，2018）。有研究团队利用转 *Bt-Cry3A* 基因的杨树（BGA-5）和非转基因杨树（CK）进行了室内饲喂试验和田间调查，发现转 BGA-5 对光肩星天牛幼虫的致死率显著高于 CK，对其蜕皮指数、化蛹率和羽化率有一定的影响（Zhang et al.，2011）。除此之外，也有研究团队利用农杆菌介导的转化方法，将 *Cry1Ac* 和*Cry3A* 两种 Bt 毒素基因同时转入欧美杂交杨‘Neva’，通过饲喂实验发现，其中有 6 个株系对光肩星天幼虫的生长发育产生了抑制作用（Ren et al.，2021）。

（二）RNA 干扰制剂

传统化学防治是使用化学药剂来防治病虫、杂草和鼠类的危害。其优点是使用起来方便、见效快、具有较高的经济效益。长期以来，针对光肩星天牛的防治方法主要基于传统化学防治，包括在成虫活动期对树冠进行化学喷雾（高瑞桐等，2005），对树干进行钻孔注射内吸剂防治幼虫等（Poland et al.，2006）。这些方法在一定程度上能够降低光肩星天牛的发生率和危害程度，但随着人们的环保意识不断增强，寻找对环境更友好的化学制剂成为化学防治新的发展方向之一。

在此需求下，RNAi（RNA interference）与昆虫基因组测序、转录组测序等技术结合探索抗虫新方法的研究逐年增多。具体来说，RNAi 技术是通过将双链 RNA（dsRNA）导入宿主细胞，沉默相关基因进而干扰宿主生长发育的一项技术，广泛应用于昆虫的防控（唱通等，2023）。目前，已有研究人员对光肩星天牛幼虫和成虫分别注射编码凋亡抑制因子（dsIAP）和液泡分选蛋白（dsSNF7）基因的双链 RNA，直接导致了这两个基因表达量显著下调，且幼虫和成虫死亡率均为 100%。在野外环境条件下，通过饲喂法给药，发现喂养含有 dsIAP 或 dsSNF7 的热灭活菌（Heat-killed bacteria）会导致幼虫和成虫的死亡和靶基因表达量的降低（Dhandapani et al.，2020a）。在该研究团队后续的研究中，通过蔗糖滴液法，对光肩星天牛幼虫口服投喂光肩星天牛表皮发育和角质化基因（SSK）、靶向凋亡抑制因子（IAP）和液泡分选蛋白（SNF7）等基因的dsRNA，能够显著抑制这些基因的表达，并显著提高幼虫的死亡率（Dhandapani et al.，2020b）。

上述结果说明口服投喂dsRNA是一种可以有效沉默光肩星天牛幼虫目标基因并导致其死亡的方法，为基于RNAi技术控制光肩星天牛提供了新的思路。

（三）基于气味识别的行为调节剂

引诱剂防治是一种利用昆虫的行为或生理特征，通过诱发其特定行为反应来防治害虫的方法。光肩星天牛对配偶和寄主树的识别主要通过其嗅觉功能来实现，而触角作为实现嗅觉功能的器官，其在开发引诱剂方面的意义不言而喻。目前，已利用转录组测序技术对光肩星天牛触角组织进行测序、分析，鉴定出2种信息素结合蛋白（Pheromone Binding Protein，PBP）。PBP在光肩星天牛嗅觉识别过程中起重要作用，其中，AglaPBP1在雌雄虫触角、下颚须，以及雌虫足中均有表达，且雌虫触角表达量高于雄虫。AglaPBP2 仅在雄虫触角中显著表达，在雌雄虫的下颚须中也有少量表达（王菁桢等，2017）。有研究团队对编码光肩星天牛 61 种气味结合蛋白（odorant-binding protein，OBP）的基因进行鉴定，发现许多 OBP 可能与嗅觉和味觉有关，相关基因在触角处高表达，可能与其对不同寄主植物挥发物的感知有关（Wang et al.，2019b）。随着基因组测序技术发展，有研究团队根据光肩星天牛 Agla2.0 基因组，鉴定了 98 个气味受体（odorant receptor，OR），通过 RT-qPCR 技术检测了 AglaORs 在不同性别和不同发育阶段的成虫中的表达情况，筛选出 23 个在触角中具有更高表达量的 AglaORs。其中，11 个在雄性触角高表达的 AglaORs 和 2 个在雌性触角高表达的 AglaORs 在性成熟阶段的表达量明显高于交配后阶段，表明这些基因在性信息交流中起着重要作用；2 个在雌性触角高表达的 AglaORs 在交配后寻找产卵地的雌性中表达量较高，表明这些基因可能参与了寄主植物挥发物的识别，从而影响产卵地的选择（Zhang et al.，2023）。上述研究不仅为解析光肩星天牛触角的嗅觉识别机制提供了理论依据，也对根据 OBP 或 OR 的化学和空间结构组成筛选潜在的引诱剂或驱避剂指明了研发方向。

三、分子生物学技术的应用前景

分子生物学技术应用于光肩星天牛防治方面的研究为林业生产和环境保护带来了新的希望。近些年，高通量测序技术的快速更新迭代以及分析手段的进步和多样化，基于基因组、转录组、蛋白组和代谢组等的组学研究为诸多技术上的革新提供了理论依据。例如，随着基因编辑技术的发展，人们可以在转录前水平上，对光肩星天牛的遗传物质进行精确的修改，从而改变其生理特性、行为特性或者与寄主植物的互作关系，达到减少或者消除害虫危害的目的。也可以使用分子生物学手段使其失去对某些植物的取食偏好，或者降低其繁殖能力，或者增加其对某些天敌或者杀虫剂的敏感性等。也可以对其主要寄主树种的一些潜在抗性基因进行精确编辑，使光肩星天牛取食后的寿命和繁殖能力下降，从而达到防控光肩星天牛的目的。在转录后水平上，可以干扰光肩星天牛部分维持活性和正常生理活动的关键基因表达来使其种群数量下降，或使其主要危害的树种通过高表达抗虫物质等方式产生抗虫性。

分子生物学技术在害虫防治方面有着巨大的潜力和优势，但也存在一些挑战和风险：如何保证分子生物学技术的安全性和可控性；如何避免对非靶标生物和生态系统产生负面影响；如何平衡分子生物学技术与传统农业技术的关系；如何加强分子生物学技术的法律规范和伦理监督等问题，都需要人们认真思考和解决。未来，人们应该充分利用分子生物学技术在害虫防治方面的优势，同时也要注意其潜在的问题和限制，综合运用多种方法和手段，实现害虫防治的科学化、高效化和绿色化，确保分子生物学技术在光肩星天牛防治方面的安全和可持续发展。

（蒋宜北，魏建荣）

以杨树为主的“三北”防护林工程与光肩星天牛防控

自“三北”防护林工程建成始，光肩星天牛就是“三北”防护林构成树种杨树、榆树和柳树的主要威胁，给部分地区的防护林工程造成严重灾害。由于西北地区可选替代树种极为有限，因此光肩星天牛对西北地区以杨树为主的防护林造成的危害最大。习近平总书记2023年在内蒙古巴彦淖尔市新华林场进行调研、考察时强调要高度重视“三北”防护林体系工程的建设。针对光肩星天牛危害造成的防护林退化，不仅要基于光肩星天牛的生物学习性、生活史和行为生态学研究其控制技术，还要开展抗性树种的培育与筛选工作，研究基于抗性树种的混交林配置新技术，实现对光肩星天牛种群的自调控，为“三北”防护林工程体系的建设与功能、效益的发挥保驾护航。

一、西北地区农田防护林概述和退化成因分析

农田防护林是为了防止自然灾害，改善气候、土壤、水文条件，创造有利于农作物和牲畜生长繁殖的环境，保证农牧业稳产高产，为人民生活提供多种效用的人工生态系统（雷娜，2017）。在我国“三北”地区，一般指在农田周围营造带状林分，林带在农田中交织成网而形成的农田防护林。1978 年我国启动的“三北”防护林工程是我国防护林建设的重点工程，累计完成造林 3 174.29 万公顷，农田防护林是重中之重，集中了工程区 90%以上的人工林蓄积量，为“三北”地区带来极大的生态、经济和社会效益（梁宝君，2007）。但随着时间的推移，西北地区农田防护林陆续出现衰退现象，衰退的原因主要有树种的退化、水分限制、土壤盐碱化、有害生物危害、营养竞争导致的土肥条件变化等，导致生态环境恶化风险加大。为此，2023 年中共中央办公厅、国务院办公厅专门印发《关于加强荒漠化综合防治和推进“三北”等重点生态工程建设的意见》，其中“三北”

防护林工程被列为重点工作任务。

在对防护林进行更新改造时，必须理清上述衰退的主因，提前制定适合的应对策略，研发相应的防控技术，在确保新一代防护林效益发挥的基础上，维持防护林的健康并延长防护林网的寿命。在西北地区，在立地条件和非生物影响因子未发生较大变化情况下，对农田防护林威胁最大也是导致当前防护林退化的主要原因就是光肩星天牛的钻蛀取食危害，之前在西北各地广泛栽植的主要树种箭杆杨、小美旱杨、二白杨、群众杨、合作杨等受害后千疮百孔，极易风折，部分树木已经死亡或被砍伐，使得防护林林相残败，基本失去防护价值（Haack et al.，1997；骆有庆和李建光，1999；Hu et al.，2009）。新疆杨对光肩星天牛具有一定的选择抗性和耐害性，是目前西北地区农田防护林的主栽杨树种类，但在没有其他敏感树种存在时，受害也比较严重，因此现有的防护林树种不得不更新换代。

二、抗虫混交防护林的构建

我国很早即有学者提出在光肩星天牛发生区以营造混交林为主的营林措施来抵御光肩星天牛的危害，在营造杨树林时要选用抗虫品种，并适当栽植感虫杨树作为诱饵树种来控制光肩星天牛的危害（周嘉熹等，1981a，b；秦锡祥等，1985）。进入20世纪90年代后，北京林业大学团队在宁夏研究利用诱饵树和刺槐、臭椿等非寄主树种并辅以积极的管理手段，使光肩星天牛得到一定程度的控制（骆有庆等，2002）。但在以杨树为主的防护林体系中，光肩星天牛至今仍是首要威胁。由于有效且快速的防控手段不足，构建对光肩星天牛具有抗性的防护林仍是当前防护林改造中不得不采取的策略。

在西北地区，由于其他树种在冠幅、树高、生长速度、耐旱寒、耐贫瘠等方面存在或多或少的劣势，杨树仍然是绿色生态建设的主要造林树种（骆有庆等，2002；王志刚等，2018）。已知杨树种类或品种中，毛白杨和银白杨抗光肩星天牛，河北杨和I-69杨次之。但毛白杨在西北地区繁殖时一般只能采用伐根嫁接，导致成本较高，而且在华北地区长势良好的毛白杨在西北地区干旱贫瘠的沙土中长势不良；银白杨树冠较大，且在华北地区极易受到刺角天牛的危害；河北杨的树高不够、冠幅偏大，抗寒性不足，偶尔也受光肩星天牛的危害；I-69杨也因抗寒、抗旱性不足，导致其不太适合在我国西北地区种植（王志刚等，2018）。新疆杨树体高大、干形通直，窄冠，较耐寒旱和耐盐碱，且对光肩星天牛有一定的抗性（张克斌和周嘉熹，1984；王志刚等，2018），是目前西北地区防护林的首选造林树种，但大范围营造新疆杨纯林易致光肩星天牛危害。由此可见，西北地区因杨树天牛导致的防护林退化现象，成为亟待解决的重要课题。

为解决上述问题，杨树研究人员一直积极为西北地区筛选新的抗虫杨树品种（赵英铭等，2017），先后筛选出北抗杨［母本为南抗杨（南抗杨亲本为I-69杨和I-63杨）、父本为北方型美洲黑杨D175］系列无性系，对光肩星天牛有较强的抗性，而且在西北地区长势良好（黄雅茹等，2019）。在测试地区，光肩星天牛在北抗杨枝干上大量产卵，并给树木皮层造成一定的伤害，但几乎没有成虫羽化。笔者课题组于2019年开展的室内生测结果还表明，同新疆杨相比，北抗杨对光肩星天牛成虫的产卵引诱性较强，因此可将其纳入所谓的“诱控”树种（Yan et al.，2022）。另外，近年来培育的金黑杨［母本为南抗杨，父本为内蒙古赤峰次生种源北方型美洲黑杨（赤峰杨）]、57×新杨［美洲黑杨种内杂种57号（母本为I-69杨，父本为另一种美洲黑杨）与新疆杨杂交获得的杂交后代］等杨树新品种已初步显示出抗光肩星天牛的特性。杨树杂交新无性系‘沙新杨’（母本是沙林杨的全同胞无性系16-4，父本是新疆杨）也即将开始抗虫性检测工作。除杂交育种外，杨树工作者在转基因抗虫杨的研究上也有较大进展（张磊和胡建军，2020；陈赢男等，2022；周培军等，2022；王冬月等，2024）。综上，杨树抗虫新品种不断涌现，为抗虫林分的构建提供了较为丰富且优良的种源。

对于新培育杨树的抗虫性评价，应从以下几个层次进行：首先，测试成虫对供测杨树枝叶的趋向性，有正趋向行为说明成虫将测试杨树视为食物源、寄主源或栖息源；其次，测试成虫对供试枝叶的取食行为与取食结果，如取食时长、取食量和成虫取食后的寿命、繁殖能力等；再次，测试成虫在供测杨树枝干上的产卵能力，包括啃咬刻槽数、有效刻槽数和实际产卵量；最后，测试幼虫的孵化率、存活率、化蛹率和羽化率。光肩星天牛在其一生中的某个阶段受供测杨树的影响均可能影响其种群的增长或延续。因此，在实际工作中不应将杨树抗虫性进行简单划分，而是应根据上述评测结果如实记录，由基层单位统筹考虑营林的目标和需要实现的功能以及自身的管理手段、措施和能力，选择相应的杨树种类或品种进行造林。

由于各杨树品种的生长快慢、根系和冠幅大小等的不同，且抗虫性存在差异，在营建抗虫混交防护林时应充分考虑上述影响，将不同树种或品种进行合理的配置。比如，沙林杨在初期长势优于新疆杨，但在后期树高不及新疆杨，且易出现梢部枯死现象。因此在可预见的将来，长势良好、树形优美且对光肩星天牛有一定抗性的新疆杨仍将是西北地区防护林的主栽树种。沙林杨可以作为辅助诱控性树种配置于防护林带中，但由于沙林杨早期生长比新疆杨快，因此二者不宜进行简单的株间交叉栽植，否则导致新疆杨在早期长势不好。在营造抗虫混交防护林时，如何将沙林杨等其他抗虫树种与新疆杨进行配置，目前有的林业单位提出 10 棵新疆杨混栽 1 棵沙林杨（10∶1），有的提出一行新疆杨一行沙林杨，上述树种配置的效果如何还需要长期的林间调查才可得出结论，配置技术的生态理论依据也需深入研究。

三、沙枣的诱控作用

沙枣（*Elaeagnus angustifolia* L.）属胡颓子科（Elaeagnaceae）胡颓子属（*Elaeagnus*）落叶灌木或小乔木，树高 5 m～12 m，具有抗旱、抗寒、抗风沙、耐盐碱、耐贫瘠等特点，广泛分布于从地中海到俄罗斯北部的北半球半干旱、干旱地区（Farzaei et al.，2015；艾百拉·热合曼等，2018）。在我国主要集中分布于西北地区，常用作防风固沙林（黄俊华，2005；Sun et al.，2018）。张波和徐庆林（1991）在调查宁夏主要造林树种受光肩星天牛危害情况时发现，沙枣树有分泌树胶糊住天牛刻槽的防御反应，致使天牛卵不能孵化。后来有人将胡颓子科等的部分能诱集成虫产卵而使其子代不能羽化的树种称为诱控树种（或诱杀树种）（邵强华等，1997）。1999 年，天牛喜食而不能完成生活史发育的沙枣等树种开始被称为诱杀树种，国内先后开展了诱杀树种和诱饵树种防治光肩星天牛试验（李丰等，1999）。由于这类树种并不是立即杀死取食的天牛成虫，而是影响其子代的存活，因此是否应称为“诱杀树种”值得商榷。笔者在此书中暂且称其为“诱控树种”。2003年田润民等人通过野外试验得出，配植沙枣的杨树防护林带，受害轻而无枯死，没有配植沙枣的杨树防护林带全部枯死（田润民等，2003）。最近也有人认为将沙枣混植进现有的杨、柳树防护林中诱控天牛，不用承担更换树种的成本，就可以避免光肩星天牛的危害（Wang et al.，2023）。但之前也有研究表明，部分地区将沙枣作为抗性树种配植进混交林中，发现其诱控效果十分有限（赵一宇和赵惊奇，1991；宝山等，1999；贾隽，2007；贾隽和李红彦，2008；桑巴叶等，2010）。由于前人的研究结果有差异，因此具有诱控特性的沙枣在2020年之前并没有引起更多人的重视，各地区也未将沙枣树作为诱控树种进行大规模推广。

本团队自2020年始重新对沙枣与光肩星天牛的互作生态关系开展了研究，并以沙林杨等树种作为对照，通过对光肩星天牛成虫在不同树种上取食、产卵刻槽的选择差异，以及取食不同枝叶成虫的寿命差异，结合林间套笼试验和林间调查，深入探究沙枣在西北地区农田防护林网中配植的可行性，为在多树种抗虫林分构建中是否选择沙枣作为诱控树种营造混交林提供理论依据。经

图 10 光肩星天牛成虫取食沙枣叶（孙佐翔 摄）

过课题组 3 年多的研究结果表明，沙枣是光肩星天牛成虫的优质补充营养寄主树种，取食沙枣枝叶的成虫寿命远远高于取食杨柳科树种的成虫寿命，导致其交配次数增加、产卵量提高。同时，天牛雌成虫在沙枣上的有效产卵量低，空槽率高，存在天牛雌虫取食沙枣枝叶后在杨树上产卵的现象。因此，少量的沙枣树并不能起到完

图 11　小美旱杨与沙枣混交的受害状（孙佐翔　摄）

全控制光肩星天牛的作用。除成片沙枣纯林或以沙枣为主的混交林外，在以杨树为主的混交防护林内大规模推广沙枣作为防控光肩星天牛的手段应慎重采用。

文献记录表明，除沙枣树外，还有其他一些树种也是光肩星天牛成虫的优质补充营养寄主，如复叶槭（高瑞桐和郑世锴，1998），这类优质补充营养树种均不宜与需保护的杨树组成混交防护林，除非有足够强大的管护能力和措施对上述树种进行持续、有效管理。是否还有其他植物是光肩星天牛成虫的优质补充营养寄主，还需室内外的进一步测试与筛选。

小　结

杨树是“三北”地区特别是西北地区防护林的主栽树种，培育和筛选抗光肩星天牛的杨树品种以保障防护林的健康仍将是一项长期的工作。防护林的建设和更新应以能够确保防护林功能和效益发挥且抗光肩星天牛的树种为主，树高、窄冠、耐寒、耐旱、抗盐碱、抗病虫是选择防护林建设树种必须考虑的因素。对于农田防护林来说，还需考虑与农作物及其耕作方式的和谐共存。除上述因子外，防护林的建设还受当地社会、经济条件和人文等影响。因此，如何最大限度地抑制光肩星天牛的发生危害，还需各级地方主管单位多调研，找到适合当地的防护林建设模式。

（魏建荣）

参 考 文 献

[1] BANCROFT J S, SMITH M T. Dispersal and influences on movement for *Anoplophora glabripennis* calculated from individual mark-recapture[J]. Entomologia experimentalis et applicata, 2005, 116(2): 83-92.

[2] CAVEY J F, HOEBEKE E R, PASSOA S, et al. A new exotic threat to North American hardwood forests: An Asian longhorned beetle, *Anoplophora glabripennis* (Motschulsky) (Coleoptera: Cerambycidae). I. Larval description and diagnosis[J]. Proceedings of the entomological society of Washington, 1998, 100(2): 373-381.

[3] DARA S K, MONTALVA C, BARTA M. Microbial control of invasive forest pests with entomopathogenic fungi: a

review of the current situation[J]. Insects, 2019, 10(10): 1-17.

[4] DAVID J, NOWAK E P, JUDITH S A, et al. Potential effect of *Anoplophora glabripennis* (Coleoptera: Cerambycidae) on urban tees in the United States[J]. Journal of economic entomology, 2001, 94(1): 116-122.

[5] DHANDAPANI R K, GURUSAMY D, DUAN J J, et al. RNAi for management of Asian long-horned beetle, *Anoplophora glabripennis*: identification of target genes[J]. Journal of pest science, 2020a, 93: 823-832.

[6] DHANDAPANI R K, DUAN J J, PALLI S R. Orally delivered dsRNA induces knockdown of target genes and mortality in the Asian long-horned beetle, *Anoplophora glabripennis* [J]. Archives of insect biochemistry and physiology, 2020b, 104(4): 21679.

[7] EYRE D, HAACK R A. Invasive cerambycid pests and biosecurity measures[M]. Cerambycidae of the world: biology and pest management. Boca Raton: CRC Press, 2017, 13: 563-607.

[8] FARZAEI M H, BAHRAMSOLTANI R,

ABBASABADI Z, et al. A comprehensive review on phytochemical and pharmacological aspects of *Elaeagnus angustifolia* L. [J]. Journal of pharmacy and pharmacology, 2015, 67(11): 1467-1480.

[9] GOLEC J R, LI F, CAO L, et al. Mortality factors of *Anoplophora glabripennis* (Coleoptera: Cerambycidae) infesting *Salix* and *Populus* in central, northwest, and northeast China[J]. Biological control, 2018, 126: 198-208.

[10] HAACK R A, CAVEY J F, HOEBEKE R E, et al. A new tree-infesting exotic cerambycid invades New York [J]. Newsletter of the Michigan entomological society, 1996, 41: 1-3.

[11] HAACK R A, LAW K R, MASTRO V C, et al. New York's battle with the Asian long-horned beetle[J]. Journal of forestry, 1997, 95(12): 11-15.

[12] HAACK R A, HERARD F, SUN J, et al. Managing invasive populations of Asian longhorned beetle and citrus longhorned beetle: a worldwide perspective[J]. Annual review of entomology, 2010, 55(1): 521-546.

[13] HAJEK A E, LUND J, SMITH M T. Reduction in fitness of female Asian longhorned beetle (*Anoplophora glabripennis*) infected with *Metarhizium anisopliae* [J]. Journal of invertebrate pathology, 2008, 98(2): 198-205.

[14] HOOVER K, KEENA M, NEHME M, et al. Sex-specific trail pheromone mediates complex mate finding behavior in *Anoplophora glabripennis* [J]. Journal of chemical ecology, 2014, 40(2): 169-180.

[15] HU J F, ANGELIS S, SCHUETZS S, et al. Ecology and management to exotic and endemic Asian longhorned beetle *Anoplophora glabripennis* [J]. Agricultural and forest entomology, 2009, 11(4): 359-375.

[16] JAVAL M, ROUX G, ROQUES A, et al. Asian long-horned beetle dispersal potential estimated in computer-linked flight mills [J]. Journal of applied entomology, 2018, 142(1/2): 282-286.

[17] KEENA M A. Effects of temperature on *Anoplophora glabripennis* (Coleoptera: Cerambycidae) adult survival, reproduction, and egg hatch [J]. Environmental

entomology, 2006, 35(4): 912-921.

[18] KUMAR C M S, JACOB T K, DEVASAHAYAM S, et al. Characterization and virulence of *Beauveria bassiana* associated with auger beetle (*Sinoxylon anale*) infesting allspice (*Pimenta dioica*) [J]. Journal of invertebrate pathology, 2016, 139: 67-73.

[19] LI M Y, LI S G, , XU A M, et al. Selection of *Beauveria* isolates pathogenic to adults of *Nilaparvata lugens* [J]. Journal of insect science, 2014, 14(1): 32.

[20] LI J G, JIN Y J, LUO Y Q, et al. Leaf volatiles from host tree *Acer negundo*: diurnal rhythm and behavior responses of *Anoplophora glabripennis* to volatiles in field [J]. Acta botanica sinica, 2003, 45(2): 177-182.

[21] LYU F, HAI X X, WANG Z G. A review of the host plant location and recognition mechanisms of Asian longhorn beetle [J]. Insects, 2023, 14(3): 292.

[22] MAKAROW R, SCHÄFER S, ALBRECHT S, et al. Investigation of volatile organic compounds emitted by *Anoplophora glabripennis* (Moschulsky) using thermal

desorption and gas chromatography-mass spectrometry[J]. Microchemical journal, 2019, 146:142-148.

[23]MARCHIORO M, BIANCHI A, CIAMPITTI M, et al. Testing trapping protocols for detecting the citrus longhorn beetle, *Anoplophora chinensis* (Coleoptera: Cerambycidae)[J]. Journal of applied entomology, 2022, 146(5):607-614.

[24] MENG P S, TROTTER R T, KEENA M A, et al. Effects of pheromone and plant volatile release rates and ratios on trapping *Anoplophora glabripennis* (Coleoptera: Cerambycidae) in China[J]. Environmental entomology, 2014, 43(5):1379-1388.

[25] MENG P S, HOOVER K, KEENA M A. Asian longhorned beetle (Coleoptera: Cerambycidae), an introduced pest of maple and other hardwood trees in north America and Europe[J]. Journal of integrated pest management, 2015, 6(1):84-88.

[26] NEHME M E, KEENA M A, ZHANG A, et al. Attraction of *Anoplophora glabripennis* to male-produced pheromone and plant volatiles[J]. Environment entomology,

2009,38(6):1745-1755.

[27] NEHME M E, KEENA M A, ZHANG A, et al. Evaluating the use of male-produced pheromone components and plant volatiles in two trap designs to monitor *Anoplophora glabripennis* [J]. Environmental entomology, 2010, 39 (1): 169-176.

[28] O'Neill M A, Denos M, Reed D. Using SDS-PAGE gel fingerprinting to identify soft-bodied wood-boring insect larvae to species [J]. Pest management science, 2018, 74(3): 705-714.

[29] PENG F, GARDESCU F, HAJEK A E. Transmission of *Metarhizium brunneum* conidia between male and female *Anoplophora glabripennis* adults [J]. Biological control, 2011, 56(5): 771-780.

[30] POLAND T M, HAACK R A, PETRICE T A, et al. Field evaluations of systemic insecticides for control of *Anoplophora glabripennis* (Coleoptera: Cerambycidae) in China [J]. Journal of economic entomology, 2006, 99 (2): 383-392.

[31]REN Y C, ZHOU X L, DONG Y, et al. Exogenous gene expression and insect resistance in dual Bt toxin *Populus*× *euramericana* 'Neva' transgenic plants [J]. Frontiers in plant science, 2021, 12:660226.

[32]SHANLEY R P, KEENA M, WHEELER M M, et al. Evaluating the virulence and longevity of non-woven fiber bands impregnated with *Metarhizium anisopliae* against the Asian longhorned beetle, *Anoplophora glabripennis* (Coleoptera: Cerambycidae) [J]. Biological control, 2009, 50 (2):94-102.

[33]SMITH M T, BANCROFT J, TROPP J, et al. Age-specific fecundity of *Anoplophora glabripennis* (Coleoptera: Cerambycidae) on three tree species infested in the United States[J]. Environmental entomology, 2002, 31(1):76-83.

[34] STRAW N A, FIELDING N J, TILBURY C, et al. Host plant selection and resource utilization by Asian longhorn beetle *Anoplophora glabripennis* (Coleoptera: Cerambycidae) in southern England [J]. Forestry: an international journal of forest research, 2015, 88(1):84-95.

[35]SUN N X, LIU H P, LIU X H, et al. Immunological activities of polysaccharide extracted from *Elaeagnus angustifolia* L. [J]. CYTA-journal of food, 2018, 16(1): 995-1002.

[36] TURGEON J J, ORR M, GRANT C. Decade-old satellite infestation of *Anoplophora glabripennis* Motschulsky (Coleoptera: Cerambycidae) found in Ontario, Canada outside regulated area of founder population [J]. Coleopterists bulletin, 2015, 69(4): 674-678.

[37]GAAG D J V D, LOOMANS A J M. Host plants of *Anoplophora glabripennis* are view[J]. EPPO bulletin, 2014.

[38]WANG G Y, DONG Y, LIU X J, et al. The current status and development of insect-resistant genetically engineered poplar in China [J]. Frontiers in plant science, 2018, 9: 1408.

[39] WANG X G, APARICIO E M, MURPHY T C, et al. Assessing the host range of the North American parasitoid *Ontsira mellipes*: potential for biological control of Asian longhorned beetle[J]. Biological control, 2019a, 137: 104028.

[40] WANG J Z, GAO P, LUO Y Q, et al. Characterization and expression profiling of odorant-binding proteins in *Anoplophora glabripennis* Motsch [J]. Gene, 2019b, 693: 25-36.

[41] WANG L X, LI C C, LUO Y Q, et al. Current and future control of the wood-boring pest *Anoplophora glabripennis* [J]. Insect Science, 2023, 30(6): 1534-1551.

[42] WEI J R, YANG Z Q, POLAND T M, et al. Parasitism and olfactory responses of *Dastarcus helophoroides* (Coleoptera: Bothrideridae) to different Cerambycidae hosts [J]. Biocontrol, 2009, 54(6): 733-742.

[43] WICKHAM J D, XU Z C, TEALE S A. Evidence for a female-produced, long-range pheromone of *Anoplophora glabripennis* (Coleoptera: Cerambycidae) [J]. Insect science, 2012, 19(3): 355-371.

[44] XIONG Q, XIE Y P, ZHU Y M, et al. Morphological and ultrastructural characterization of *Carposina sasakii* larvae (Lepidoptera: Carposinidae) infected by *Beauveria bassiana* (Ascomycota: Hypocreales: Clavicipitaceae) [J].

Micron, 2013, 44: 303-311.

[45] XU T, HANSEN L, TEALE S A. Mating and adult feeding behaviour influence pheromone production in female Asian longhorn beetle *Anoplophora glabripennis* (Coleoptera: Cerambycidae) [J]. Agricultural and forest entomology, 2021, 23(3): 276-286.

[46] XU T, HANSEN L, CHA D H. Identification of a female-produced pheromone in a destructive invasive species: Asian longhorn beetle, *Anoplophora glabripennis* [J]. Journal of pest science, 2020, 93(4): 1321-1332.

[47] YAN S Y, ZHANG G, LIU J F, et al. *Anoplophora glabripennis*: host choice, oviposition and performance of new hatched larvae on 'resistant' poplar species [J]. Journal of applied entomology, 2022, 146: 98-105.

[48] YANG B J, CAO D D, SU Z, et al. The attractive host volatiles can enhance oviposition of *Anoplophora glabripennis* on a non-host tree [J]. Pest management science, 2023, 79(10): 3538-3547.

[49] ZHANG A J, OLIVER J E, ALDRICH J R, et

al. Stimulatory beetle volatiles for the Asian longhorned beetle *Anoplophora glabripennis* (Motschulsky)[J]. Z Naturforsch, 2002, 57(5-6): 553-558.

[50] ZHANG A J, OLIVER J E, CHAUHAN K, et al. Evidence for contact sex recognition pheromone of the Asian longhorned beetle, *Anoplophora glabripennis* (Coleoptera: Cerambycidae)[J]. Naturwissenschaften, 2003, 90(9): 410-413.

[51] ZHANG B Y, CHEN M, ZHANG X F, et al. Expression of Bt-Cry3A in transgenic *Populus alba* × *P. glandulosa* and its effects on target and non-target pests and the arthropod community[J]. Transgenic research, 2011, 20(3): 523-532.

[52] ZHANG S A, LI M, XU Y B, et al. Genome-wide identification of the odorant receptor gene family and revealing key genes involved in sexual communication in *Anoplophora glabripennis*[J]. International journal of molecular sciences, 2023, 24(2): 1625.

[53] 李建光，骆有庆，金幼菊．复叶槭挥发性物质

对光肩星天牛的触角电位反应 [J]. 北京林业大学学报, 1999, 21 (4): 1-5.

[54] 艾百拉·热合曼, 籍保平, 周峰. 沙枣果实营养、活性成分及药理作用研究进展 [J]. 食品工业科技, 2018, 39 (3): 343-352.

[55] 安榆林, 杨晓军, 林晓佳, 等. 光肩星天牛 mtDNA COⅠ基因遗传差异的研究 [J]. 林业科学, 2006, (5): 77-83.

[56] 宝山, 沈向海, 唐杰, 等. 林业措施控制杨树天牛的研究 [J]. 北京林业大学学报, 1999, 21 (4): 73-79.

[57] 蔡玉成, 马晖, 曹川健, 等. 树种对光肩星天牛早期抗性鉴定方法的初步研究 [J]. 北京林业大学学报, 1999 (4): 37-42.

[58] 曹兵, 李治中, 姬学龙, 等. 臭椿提取物对光肩星天牛的驱避作用 [J]. 南京林业大学学报 (自然科学版), 2004, 28 (1): 47-49.

[59] 曹川健, 马晖, 吴宏, 等. 17 个杨树品种对光肩星天牛抗性的调查鉴定 [J]. 内蒙古林业科技, 2003

(2)：46-48.

［60］唱通，赵康竹，汪以駿，等.RNAi 技术在昆虫基因组学研究及其生物防控中的研究进展［J］. 环境昆虫学报，2023，45（6）：1514-1524.

［61］陈世骧，谢蕴贞，邓国藩. 中国经济昆虫志：第一册：鞘翅目 天牛科［M］. 北京：科学出版社，1959：66-108.

［62］成建新，杨杰，何文强，等. 大斑啄木鸟引控治理光肩星天牛试验与推广应用初报［J］. 内蒙古农业科技，2010（3）：64.

［63］仇兰芬，仲丽，邵金丽，等. 储存条件对花绒寄甲成虫寿命及产卵量的影响［J］. 环境昆虫学报，2020，42（5）：1093-1099.

［64］范丽清，严善春，程红，等. 光肩星天牛对寄主植物萜烯类化合物触角活性和电位反应［J］. 东北林业大学学报，2012，40（11）：143-146.

［65］范丽清，严善春，孙宗华，等. 光肩星天牛对植物源挥发物的触角电位和行为反应［J］. 生态学杂志，2013，32（1）：142-148.

[66] 冯建忠，刘雯，覃强，等．银川市光肩星天牛防治措施［J］．宁夏农林科技，2018，59（9）：30-33.

[67] 高汉中，杨雪彦，魏佳宁，等．树木对两种天牛抗性的调查研究［J］．西北林学院学报，1997（S1）：42-46.

[68] 高瑞桐，郑世锴．利用成虫取食习性防治3种杨树天牛［J］．北京林业大学学报，1998，20（1）：43-48.

[69] 高瑞桐，王保德，李国宏，等．光肩星天牛和黄斑星天牛杂交研究［J］．北京林业大学学报，2000，22（3）：26-29.

[70] 高瑞桐，陈合志，林淑荣，等．杨树蛀干害虫研究进展［J］．林业科技开发，2004，18（1）：6-8.

[71] 高瑞桐，WANG B D，VICTOR C M，等．树冠喷药毒杀光肩星天牛成虫效果及农药残留分析［J］．林业科学，2005（3）：202-205.

[72] 高瑞桐，WANG B D，VICTOR C M，等．光肩星天牛对白桦林的危害及药剂防治效果［J］．林业科学，2009，45（2）：163-166.

［73］高宇，赵红盈，遇文婧，等．光肩星天牛检疫检验技术［J］．中国农学通报，2016，32（25）：96-101.

［74］高玉梅，苏元吉，马景武，等．光肩星天牛防治方法的研究［J］．植物检疫，2010，24（5）：28-30.

［75］胡帅，周英梅，苓建强，等．中华甲虫蒲螨对寄主的选择性初探［J］．应用昆虫学报，2013，50（2）：460-465.

［76］黄焕华，许再福，杨忠岐，等．松墨天牛的重要天敌：花绒坚甲［J］．广东林业科技，2003（4）：76-77+82.

［77］黄俊华，买买提江，杨昌友，等．沙枣（*Elaeagnus angustifolia L.*）研究现状与展望［J］．中国野生植物资源，2005，24（3）：26-28+33.

［78］黄雅茹，马迎宾，苏智，等．乌兰布和沙漠绿洲北抗杨家系 6 个无性系叶片性状研究［J］．西北林学院学报，2019，34（3）：86-90.

［79］吉原香，周宏平，茹煜．新型复合式昆虫诱捕器的研制［J］．中华卫生杀虫药械，2012，18（1）：5-7.

［80］贾隽，李红彦．几种混交林对黄斑星天牛的抗

虫性研究［J］. 西部林业科学，2008，37（1）：82-85.

［81］贾隽．青杨在混交林中的诱控研究［J］. 山东林业科技，2007（5）：65-66＋69.

［82］贾若峰，谷奇，孙一鸣，等．取食洋白蜡和旱柳光肩星天牛幼虫肠道中的细菌多样性差异及关键纤维素降解细菌筛选［J］. 林业科学，2023，59（4）：117-130.

［83］姜威娜，刘景丰，董希文．光肩星天牛在黑龙江省的分布及危害特征［J］. 防护林科技，2012（4）：71-72＋77.

［84］矫振彪，万涛，温俊宝，等．大斑啄木鸟对光肩星天牛幼虫捕食的功能反应和数值反应［J］. 动物学报，2008，54（6）：1106-1111.

［85］蒋书楠．黄斑星天牛种的鉴定和有关问题的讨论［J］. 昆虫知识，1980（2）：96.

［86］金幼菊，李继泉，李建光，等．光肩星天牛对干旱胁迫下复叶槭挥发物的嗅觉反应［J］. 林业科学，2004，40（1）：99-105.

［87］康文通，汤陈生，梁农，等．应用管氏肿腿蜂

林间防治松墨天牛［J］. 福建农林大学学报（自然科学版），2008（6）：575-579.

［88］孔祥波，张真，王鸿斌，等. 枯叶蛾科昆虫性信息素的研究进展［J］. 林业科学，2006（6）：115-123.

［89］雷娜. 中国平原地区农田防护林研究进展［J］. 农村经济与科技，2017，28（16）：33-35+37.

［90］雷琼，李孟楼，杨忠岐. 花绒坚甲的生物学特性研究［J］. 西北农林科技大学学报（自然科学版），2003，31（2）：62-66.

［91］李丰，刘荣光，宝山，等. 选择诱杀树种防治光肩星天牛、黄斑星天牛的研究［J］. 北京林业大学学报，1999，21（4）：85-89.

［92］李会平，黄大庄，纪慧芳，等. 取食不同杨树对光肩星天牛幼虫体内羧酸酯酶活性的影响［J］. 林业科学，2007（4）：50-53.

［93］李会平，黄大庄，杨敏生，等. 高抗光肩星天牛优良杨树无性系的选择［J］. 东北林业大学学报，2003（5）：30-32.

［94］李继泉，樊慧，金幼菊. 光肩星天牛对损伤后

复叶槭植株的行为反应［J］. 北京林业大学学报，2003，25（5）：42-46.

［95］李建光，金幼菊，骆有庆，等．光肩星天牛不同寄主树种挥发性物质的比较分析［J］. 北京林业大学学报，2002，24（5/6）：169-173.

［96］李宁，王志刚，阎爱华，等．11个昆虫病原线虫品系对光肩星天牛的致死能力［J］. 东北林业大学学报，2011，39（8）：68-69＋100.

［97］李秀华．三北防护林杨树天牛的危害及防治策略［J］. 防护林科技，2021（4）：77-78＋80.

［98］李有忠，杨忠岐，李孟楼．温度与花绒寄甲发育及生殖关系的研究［J］. 西北农林科技大学学报（自然科学版），2009，37（2）：125-129.

［99］廖成家．花绒寄甲栗山天牛生物型的生物学特性研究［J］. 辽宁林业科技，2017（1）：11-14.

［100］梁宝君．三北农田防护林建设与更新改造［M］. 北京：中国林业出版社，2007，154-172.

［101］刘鹤昌．研究纪要：一、白杨光肩天牛之研究［J］. 昆虫与植病，1937，5（23）：470-473.

［102］刘辉芳，伊红珊，张寰．光肩星天牛对不同柳树选择性的研究［J］．安徽农业科学，2009，37（15）：7053-7055.

［103］刘锡平，王春文，王庆国．管氏肿腿蜂繁育场的营建和繁育技术［J］．山东林业科技，2002（1）：25-26.

［104］刘兴春，刘桂萍．关于新疆巴州地区光肩星天牛危害与防治措施的思考［J］．农业灾害研究，2021，11（12）：3-4.

［105］罗立平，王小艺，杨忠岐，等．光肩星天牛生物防治研究进展［J］．生物灾害科学，2018，41（4）：247-255.

［106］骆有庆，李建光．光肩星天牛的生物学特性及发生现状［J］．植物检疫，1999，13（1）：5-7.

［107］骆有庆，刘荣光，许志春，等．防护林杨树天牛灾害的生态调控理论与技术［J］．北京林业大学学报，2002，24（5/6）：160-164.

［108］吕云彤，张琪慧，苑冉，等．中国森林害虫化学防治研究进展［J］．环境昆虫学报，2018，40（3）：

543-552.

[109] 马金生，贾志云，吴云峰．危及大斑啄木鸟生存繁衍因子的研究［J］．河北大学学报（自然科学版），1996，16（5）：75-76.

[110] 马寿鹏，魏秀红，庄丽媚，等．防护林截干更新在光肩星天牛防治中的应用［J］．防护林科技，2022（5）：79-81.

[111] 马晓乾，孙妍，高宇，等．光肩星天牛对5种槭树的40种挥发物EAG及嗅觉行为反应［J］．林业科技，2022，47（3）：1-6.

[112] 门金，曹丹丹，赵斌，等．不同寄主来源种群花绒寄甲成虫对桃红颈天牛幼虫虫粪的行为趋性和种群控制效果［J］．昆虫学报，2017，60（2）：229-236.

[113] 孟祥志．光肩星天牛化学防治技术研究［J］．山西农业科学，2011，39（3）：273-275.

[114] 蒲蛰龙．应用昆虫的病原真菌防治害虫［J］．生物防治通报，1985（1）：27-31.

[115] 钱燕文，郑作新．昌黎果区几种主要吃虫鸟之繁殖习性的研究Ⅱ［J］．动物学报，1960（1）：139-148.

［116］乔海莉，骆有庆，冯晓峰，等．新疆主要造林树种对光肩星天牛的抗性［J］．昆虫知识，2007（5）：660-664.

［117］秦锡祥，高瑞桐．花绒寄甲生物学特性及其应用研究［J］．昆虫知识，1988，25（2）：109-112.

［118］秦锡祥，高瑞桐，李吉震，等．不同杨树品种对光肩星天牛抗虫性的调查研究［J］．林业科学，1985，21（3）：310-314.

［119］曲艺璇．光肩星天牛不同寄主抗性初探［J］．现代园艺，2019（3）：19-20.

［120］任敏霞，张子恒，曾月霞，等．转抗虫基因107杨对主要节肢动物种群的影响［J］．林业与生态科学，2021，36（3）：277-284.

［121］茹桃勤，刘凤鸾，赵忠义，等．杨树光肩星天牛化学防治技术研究［J］．河南林业科技，1992（1）：28-30.

［122］桑巴叶，朱玉伟，巴哈提古丽，等．焉耆地区几种混交林对黄斑星天牛的抗虫性研究［J］．防护林科技，2010（5）：26-28.

[123] 桑巴叶，朱玉伟．林间药剂喷雾防治新疆光肩星天牛的药效试验 [J]．防护林科技，2019 (3)：10-12.

[124] 邵鹏鹏，杨兵军，苏智，等．光肩星天牛对沙枣和新疆杨的偏好性 [J]．林业科学研究，2023，36 (4)：122-128.

[125] 邵强华，田润民，高平小，等．光肩星天牛种群诱控树种及其功能的初步研究 [J]．内蒙古林业科技，1997 (4)：1-2+24.

[126] 石慧．浅谈光肩星天牛治理工程技术措施 [J]．内蒙古林业，2012 (6)：18-19.

[127] 孙新杰，于冠所，禄文林，等．桑天牛、光肩星天牛药物防治技术研究 [J]．河南林业科技，2000，20 (4)：24-25.

[128] 孙金钟，赵忠懿，茹桃勤，钱振国，宋小菊．栽植苦楝隔离带和糖槭诱饵树防治光肩星天牛试验 [J]．森林病虫通讯，1990 (2)：10-12.

[129] 孙妍，赵红盈，王琪，等．光肩星天牛的防治技术研究 [J]．林业科技，2016，41 (2)：51-53.

[130] 覃海文，黄梦伊，石娟．光肩星天牛和星天牛

的分子快速鉴定［J］. 植物保护学报，2019，46（3）：709-710.

［131］唐光辉，何军，江志利，等. 14%吡虫啉·敌敌畏注干液剂防治柳树天牛技术研究［J］. 西北农林科技大学学报（自然科学版），2007，35（1）：116-120.

［132］唐汉尧，郑吉阳，王敦，等. 摩泽蒲螨携带杀虫真菌靶向防治光肩星天牛［J］. 林业科学，2022，58（8）：157-164.

［133］唐桦，郑哲民，李恺. 光肩星天牛与黄斑星天牛分类地位的研究［J］. 南京林业大学学报（自然科学版），2004，28（6）：67-72.

［134］田润民，于静波，赵卫东. 沙枣树对光肩星天牛种群诱控功能的初步研究［J］. 内蒙古林业科技，2003（4）：23-25.

［135］陶波尔，唐蒙昌，邵强华，等. 光肩星天牛化学防治技术研究［J］. 内蒙古林业科技，1997（S1）：1-4+7.

［136］汪永俊，张纪林，秦旦仁，等. 光肩星天牛对不同杨树品种危害程度的差异及其原因［J］. 江苏林业

科技，1985（4）：34-36.

［137］王东生. 杨树林人工招引的大斑啄木鸟营巢特性的研究［J］. 山西林业科技，2005（1）：10-11＋34.

［138］王福贵，周嘉熹，杨雪彦. 混交林中黄斑星天牛选择寄主的行为与寄主抗虫性关系的研究［J］. 林业科学，2000，36（1）：58-65.

［139］王嘉冰，徐智文，薛羿，等. 3 种内吸性杀虫剂对光肩星天牛幼虫的林间防治效果［J］. 北京林业大学学报，2017，39（7）：62-68.

［140］王建斌. 美国森林病虫害监测方法研究［J］. 安徽农业科学，2010，38（15）：7962-7964.

［141］王洁，古丽孜亚·哈得然力. 害虫光肩星天牛防治经验［J］. 农村科技，2015（5）：40-41.

［142］王菁桢，胡平，骆有庆，等. 光肩星天牛性信息素结合蛋白 AglaPBP1 和 AglaPBP2 基因鉴定和表达分析［J］. 应用昆虫学报，2017，54（1）：45-55.

［143］王丽娜，唐艳龙，蔡洪广，等. 花绒寄甲卵储存时长对其幼虫发育和成虫数量的影响［J］. 林业科学研究，2020，33（4）：19-25.

［144］王伦，李创．印楝提取物对光肩星天牛成虫体内保护酶的影响［J］．煤炭与化工，2015，38（2）：66-68.

［145］王素英，邹立杰，时亚琴，等．球孢白僵菌加增效剂对光肩星天牛的防治效果［J］．中国生物防治，2000（2）：96-97.

［146］王素英，时亚琴，赵蒙玲，等．肿腿蜂、肿腿蜂带菌防治光肩星天牛幼虫试验研究［J］．内蒙古林业科技，1999（1）：40-43+49.

［147］王永军．光肩星天牛综合防治技术［J］．现代园艺，2015，10（23）：116-117.

［148］王哲，苑克英，王喜明．内蒙古包头市光肩星天牛危害情况及年生活史［J］．内蒙古农业大学学报（自然科学版），2016，37（1）：87-96.

［149］王志刚，阎浚杰，刘玉军，等．西藏南部光肩星天牛发生情况调查报告［J］．东北林业大学学报，2003（4）：70-71.

［150］王志刚，黄大庄，阎浚杰．中国北方主要树种对光肩星天牛抗性序列研究［J］．河北农业大学学报，

2009，32（6）：62-68.

［151］王志刚，苏智，刘明虎，等．新疆杨与北抗杨抗光肩星天牛特性的比较［J］．林业科学，2018，54（9）：89-96.

［152］魏建荣，杨忠岐，马建海，等．花绒寄甲研究进展［J］．中国森林病虫，2007，26（3）：23-25.

［153］魏建荣，杨忠岐，唐桦，等．花绒寄甲成虫的行为观察［J］．林业科学，2008（7）：50-55.

［154］魏建荣，闫诗谣，李臻，等．2种抗光肩星天牛杨树树皮和木质部生化物质分析［J］．西北林学院学报，2022，37（5）：230-235.

［155］温俊宝，叶刚，李镇宇，等．杨树受光肩星天牛危害程度与树皮厚度的关系［J］．河北林果研究，1998，13（2）：136-140.

［156］邬颖，王德朋，东旭，等．基于COI序列的光肩星天牛快速分子鉴定［J］．植物检疫，2014，28（4）：46-49.

［157］吴永良．杨树蛀干害虫光肩星天牛防治技术［J］．防护林科技，2018（6）：94-95.

［158］武永贞，王小虎．河套平原主要杨树树种对光肩星天牛的抗性［J］．内蒙古林业，2023（11）：43-44.

［159］徐金柱，樊美珍，李增智．放菌方式对白僵菌防治光肩星天牛效果的影响［J］．中国生物防治，2003，19（1）：27-30.

［160］徐克勤，徐福元，王敏敏，等．应用管氏肿腿蜂防治松褐天牛［J］．南京林业大学学报（自然科学版），2002，26（3）：48-52.

［161］徐茂华，刘满光．光肩星天牛为害悬铃木情况调查及防治研究初报［J］，河北林业科技，2009（1）：10+12.

［162］徐云和，朱志民，苑辉．化学药剂防治光肩星天牛对比实验［J］．辽宁林业科技，2020（6）：51-52+78.

［163］许士文，姜嫄，张翌楠．花绒寄甲防治甘肃省二白杨光肩星天牛试验研究［J］．北京农业职业学院学报，2019，33（4）：21-25.

［164］阎雄飞，李晓娟，骆有庆，等．光肩星天牛成虫对原寄主枝条挥发物趋向的测定［J］．北京林业大学学报，2008，30（3）：80-84.

［165］阎雄飞，刘永华．4 种寄主对光肩星天牛成虫体重、寿命、产卵量和孵化率的影响研究［J］．中国农学通报，2012，28（25）：52-56.

［166］杨奋勇，苏梅，郝永峰，等．斑啄木鸟生物学特性及控制光肩星天牛危害初探［J］．中国森林病虫，2006（3）：31-32.

［167］杨炯．光肩星天牛寄主植物种类综述［J］．现代园艺，2022，45（4）：27-28+31.

［168］杨雪彦，燕新华，周嘉熹．杨树对黄斑星天牛的抗性研究［J］．西北林学院学报，1991（2）：30-38.

［169］杨雪彦，周嘉熹，白耀宇，等．两种星天牛成虫对树种的选择试验［J］．陕西林业科技，1996（4）：6-11.

［170］杨元清，杨子毅，周娜，等．宁夏银北地区光肩星天牛的防治［J］．宁夏农林科技，2009（6）：63.

［171］杨忠岐，王小艺，曹亮明，等．管氏肿腿蜂的再描述及中国硬皮肿腿蜂属 *Sclerodermus*（Hymenoptera：Bethylidae）的种类［J］．中国生物防治学报，2014，30（1）：1-12.

［172］姚万军，杨忠岐．利用管氏肿腿蜂防治光肩星天牛技术研究［J］．环境昆虫学报，2008（2）：127-134.

［173］余汉鋆，王子楠，覃海文，等．引诱剂对光肩星天牛在浙江沿海防护林的诱捕效果分析［J］．环境昆虫学报，2017，39（3）：694-700.

［174］张波，徐庆林．光肩星天牛成虫行为的研究［J］．森林病虫通讯，1991（4）：14-17.

［175］张波，刘益宁，白杨，等．宁夏天牛病原真菌的种类和致病力研究［J］．北京林业大学学报，1999（4）：67-72.

［176］张恩光，周嘉熹，刘荣光，等．宁夏防护林天牛危害调查及林分结构配置［J］．西北林学院学报，1995（2）：16-21＋39.

［177］张克斌，周嘉熹．抗黄斑星天牛的树种及其机制的研究初报［J］．西北农林科技大学学报（自然科学版），1984（3）：87-92.

［178］张磊．光肩星天牛的防治措施［J］．黑龙江科学，2014，5（7）：83.

［179］张礼生，张泽华，高松，等．绿僵菌生物农药

的研制与应用［J］．中国生物防治，2006，22（S1）：141-146.

［180］张丽莹，薛国红．管氏肿腿蜂对光肩星天牛的控制作用［J］．内蒙古林业科技，2019，45（3）：43-45.

［181］张丽莹，薛国红．蒲螨对多毛小蠹和光肩星天牛控制作用初探［J］．内蒙古林业科技，2019，45（1）：42-43＋61.

［182］张新才，李桂亭，洪家保．注干法施用吡虫啉对光肩星天牛幼虫的防治效果［J］．南京林业大学学报（自然科学版），2005（4）：41-44.

［183］张兴，杨崇珍，王兴林．西北地区杀虫植物的筛选［J］．西北农业大学学报，1999，27（2）：21-27.

［184］张玉凤，陆群，张宏世，等．光肩星牛成虫特性及其行为的研究［J］．内蒙古林业科技，1997（4）：7-9.

［185］张仲信．利用啄木鸟防治杨树蛀干害虫［J］．森林病虫通讯，1992（4）：33-34＋22.

［186］张佐双，熊德平，程炜．寄生性天敌蒲螨对几种蛀干害虫的控制作用［J］．中国生物防治，2008（1）：

1-6.

［187］赵博光，李周直，葛庆杰．光肩星天牛在杨树上产卵部位的选择［J］．北京林业大学学报，1997，19（3）：28-32.

［188］赵程辉．甘州区林业有害生物监测及防治探讨：以光肩星天牛为例［J］．绿色科技，2021，23（9）：181-182.

［189］赵桂花．光肩星天牛的综合防治技术［J］．河北农业，2009（2）：19-20.

［190］赵学丽，周志军，郭成博，等．柳树单宁含量与光肩星天牛危害的关系［J］．林业勘查设计，2011（1）：71-73.

［191］赵一宇，赵惊奇．控制天牛成灾的对策［J］．宁夏农学院学报，1991，12（3）：43-46＋188-189.

［192］赵英铭，郝玉光，张格．18个杨树无性系抗光肩星天牛的对比研究［J］．防护林科技，2012（5）：3-6.

［193］赵英铭，高君亮，杨文斌，等．16个抗虫杨品种在林分补植中的性状差异比较［J］．中国农业科技导报，2017，19（3）：72-81.

[194] 周嘉熹，张克斌. 甘谷县黄斑星天牛的发生和防治 [J]. 甘肃林业科技，1980（3/4）：39-43.

[195] 周嘉熹，刘铭汤，逮玉中，等. 黄斑星天牛的初步研究 [J]. 林业科学，1981a，17（4）：413-418.

[196] 周嘉熹，刘铭汤，杨志和. 汉中、安康地区光肩星天牛为害情况的调查报告 [J]. 陕西林业科技，1981b（3）：39-41.

[197] 周嘉熹，鲁新政，逯玉中. 引进花绒坚甲防治黄斑星天牛试验报告 [J]. 昆虫知识，1985（2）：84-86.

[198] 周嘉熹，杨雪彦，宋占邦. 树木单宁含量可作为对两种星天牛的抗性指标 [J]. 陕西林业科技，1996（4）：15-18.

[199] 朱宁，张冬勇，吴利平，等. 聚集信息素和寄主植物挥发物对光肩星天牛和星天牛的引诱作用 [J]. 昆虫学报，2017，60（4）：421-430.

[200] 庄电一. 人与天牛之战 [N]. 光明日报，1993-08-24（5）.

[201] 陈赢男，胡传景，诸葛强，等. 杨树农杆菌遗传转化研究 30 年 [J]. 林业科学，2022，58（12）：

114-129.

[202] 王冬月，王如月，孙茂桐，等．“窄冠白杨 1 号”遗传转化体系建立与抗虫基因转化 [J/OL]. 植物研究，2024，[2024-04-27]. https://link.cnki.net/urlid/23.1480.S.20240325.1541.002.

[203] 周培军，李玲玲，李红岩，等．转 Bt 基因‘南林 895’杨时空表达及生物安全分析 [J]. 分子植物育种，2022，20 (5)：1568-1580.

[204] 张磊，胡建军．转 BtCry1Ac 欧洲黑杨的外源基因插入位点分析及特异性检测 [J]. 林业科学，2020，56 (10)：45-52.

后　记

“三北”地区是典型的生态脆弱区，是我国重点生态治理区域的集中地区，在维护我国生态安全中具有重要地位。“三北”防护林重大工程的实施为保障我国“三北”地区生态、经济和社会安全起到了重要作用。“三北”防护林主要由人工林组成。习近平总书记指出，要坚持造林与护林并重，做到未雨绸缪、防患于未然，而新时代的“护绿”工作，防火、防虫是安全底线。对于林木病虫害的防控，管理和技术的水平要求较高，类似人畜病虫害，彻底“根除”“灭绝”“绝杀”“消灭”是很难做到的。唯有实事求是，无论是面对新的入侵性病虫害，还是本土性病虫害如松毛虫、光肩星天牛等，依托新技术不断创新监测、预警、检测、控制手段，采取必要的化学、生物、物理和营林技术措施，并且积极筛选和培育新的抗性树种、品种，才能魔高一尺、道高一丈，有效应对其种群的暴发性增长，最大限度地将其控制在经济损失允许水平之下。

林木病虫害在与寄主（宿主）的生物互作中不断演化和变异，抗性的产生意味着新的演化发生，因此病虫害的防控是一项长期的工作。加强预测预报和采取积极防治措施应对，护林与造林并重，在造林时就将病虫害发生的可能性和应对措施纳入规划，那么病虫灾害性发生的可能性就会极大地降低。

本书侧重于光肩星天牛防控技术的阐述，是笔者对我国防控光肩星天牛 40 多年的一段总结，希望对国内光肩星天牛的防控尽一点绵薄之力。感谢中国林业科学研究院沙漠林业实验中心王志刚总工程师、苏智高级工程师的默默付出，也感谢所有参与编写人员的辛勤付出，使本书最终付梓。